了解舒适的住房结构

家居设计解剖书

[日] 家居协会　编著
程礼礼　译

江苏凤凰科学技术出版社

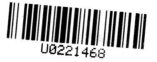

图书在版编目（CIP）数据

家居设计解剖书 / 日本家居协会编著 ；程礼礼译
. -- 南京 ：江苏凤凰科学技术出版社，2016.6
ISBN 978-7-5537-6429-0

Ⅰ. ①家… Ⅱ. ①日… ②程… Ⅲ. ①住宅－室内装饰设计 Ⅳ. ① TU241

中国版本图书馆 CIP 数据核字 (2016) 第 120191 号

江苏省版权局著作权合同登记章字：10-2016-025 号

家居设计解剖书

编　　著	[日] 家居协会
译　　者	程礼礼
项目策划	凤凰空间/陈景
责任编辑	刘屹立
特约编辑	蔡伟华
出版发行	凤凰出版传媒股份有限公司 江苏凤凰科学技术出版社
出版社地址	南京市湖南路1号A楼，邮编：210009
出版社网址	http://www.pspress.cn
总 经 销	天津凤凰空间文化传媒有限公司
总经销网址	http://www.ifengspace.cn
经　　销	全国新华书店
印　　刷	北京科信印刷有限公司
开　　本	889 mm×1 194 mm　1 / 32
印　　张	5.75
字　　数	129 000
版　　次	2016年6月第1版
印　　次	2024年4月第2次印刷
标准书号	ISBN 978-7-5537-6429-0
定　　价	39.00元

图书如有印装质量问题，可随时向销售部调换（电话：022-87893668）。

前言

有魅力的家是什么样的？

这对我们设计师来说是一个永远难解的但同时也是让人灵感迸发的课题。

比如，可以尽情享受泥砌的墙或木制地板等素材所打造的充满魅力的家。或者，完美地考虑到储物和动线，让人感到细致周到的家。又或者，从家的任何地方都可以看到外面的绿色，可以切身感受四季变化的家，通过合理的施工方法建造的低造价的家等等。不同风格的家具有不同的魅力，是由于设计师为了打造更好的家反复思考并不断追求的对“家居设计的执着”的结果。

这本书是由日本家居协会的有关人士汇总而成的。他们都是从事住宅设计相关工作的设计师。他们的灵感和想法变成了“执着”，敬请您阅读。

目录

第6章 环境

第 7 章 住宅周围

第1章

建筑物的形状和构造

住宅虽然有装修、设备等要素，但是其中最重要的是要准确地构建好整个框架。框架不仅指的是柱子和房梁等，还包含用地上建筑物的位置如何布置、庭院与道路的关系如何构建等整体的规划，当然，也包含合理的构造规划。如果能够很好地构建整体，基本上就可以了。这么说虽然有点言过其实，但却也是一个重要的理论依据。

（村田）

1 即使很小的树木也能让人感到舒心

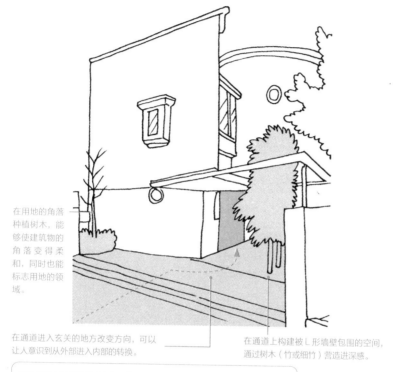

在用地的角落种植树木，能够使建筑物的角落变得柔和，同时也能标志用地的领域。

在通道进入玄关的地方改变方向，可以让人意识到从外部进入内部的转换。

在通道上构建被L形墙壁包围的空间，通过树木（竹或细竹）营造进深感。

因为用地与狭窄的道路相邻，为了营造连道路都被纳入用地范围的感觉，外面的墙壁要成一定角度设计（面向道路开放）。

道路和房屋之间的关系

房屋前的道路，对于每天多次出入的住户来说，是非常在意的地方。根据用地条件的不同，屋前道路到玄关之间的通道需要进行不同的设计。本案例是面向狭窄道路的狭小用地上的住宅。相比从道路进去直接看到玄关，从道路进到用地后改变方向沿着墙壁再到达玄关的这种设计更能给人一种宽敞的感觉。

在玄关前面种植树木，即便树木很小也能营造一种被包围的感觉，在进入室内之前可以让人歇口气并平静下来。

（滨田）

细长的布局规划

我对在用地上将建筑物布局成细长的形状很有兴趣。当然，因为周围建筑物的布局状况以及方位等各种要素都相互关联，所以将建筑物布局成细长的形状，并不是很简单的事情，但这样布置会有很多好处。例如，可以使所有房间都拥有良好的采光和通风。另外，可以建造庭院等，开展趣味活动。虽然从动线角度考虑，有些路线会变长，但是这可以通过在建筑物的中心建造玄关或台阶来加以改善。

（石黑）

所有房间都很细长、明亮的家

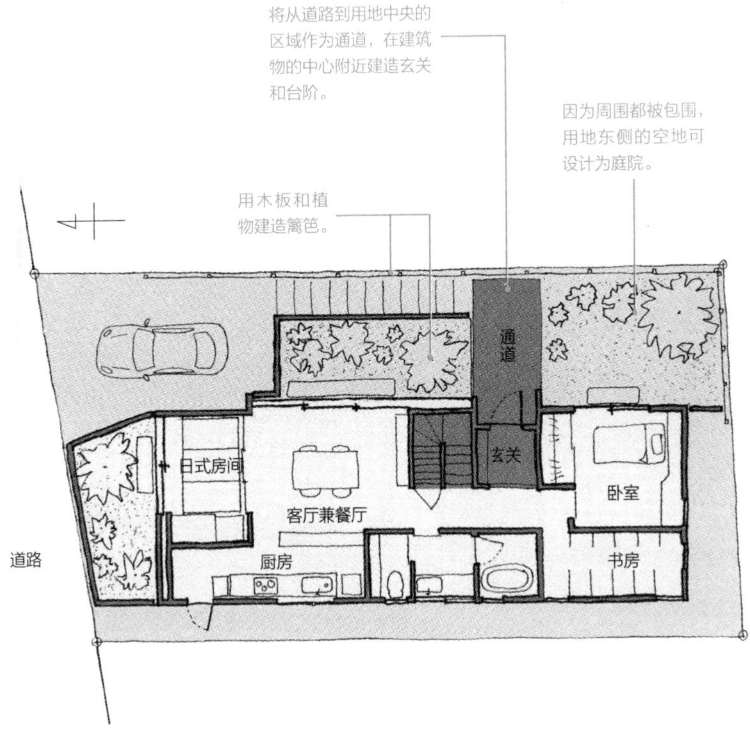

将从道路到用地中央的区域作为通道，在建筑物的中心附近建造玄关和台阶。
因为周围都被包围，用地东侧的空地可设计为庭院。
用木板和植物建造篱笆。
通道
玄关
日式房间
客厅兼餐厅
卧室
厨房
书房
道路

大部分的房间都可以和外部接触，有利于采光和通风。

刚好合适的层高

从成本和比例平衡考虑，将层高尽可能地降低。而且，层高降低后楼梯的台阶数变少，高度降低，更容易上楼梯，楼梯的面积也可以变小。除了起居室的天花板高度外，抽油烟机的高度和浴室的设备等都是设定层高需要考虑的重要因素。面积大的房间房梁也更粗，随之会影响天花板的高度。因此，需要考虑身高、喜好等各种要素。

（石黑）

限制层高有很多好处

这个建筑物的天花板高度是 2150 mm，层高 2470 mm。虽然比普通的低，但可以在起居室建挑高空间，制造开放感。

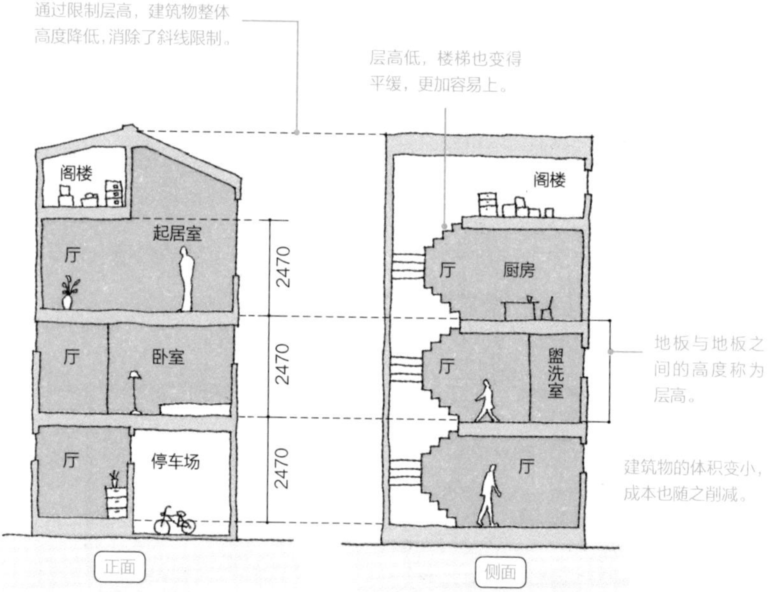

层高，指的是地板与地板之间的高度，和天花板高度不同。天花板高（天花板高度），加上房梁的大小、地板的装修材料的厚度和天花板内空间之后的高度等于层高。通过合理地、尽可能地限制天花板高度，缩小房梁大小（房梁的上端到下端的大小）来限制层高。

改变天花板的高度，营造优美的空间

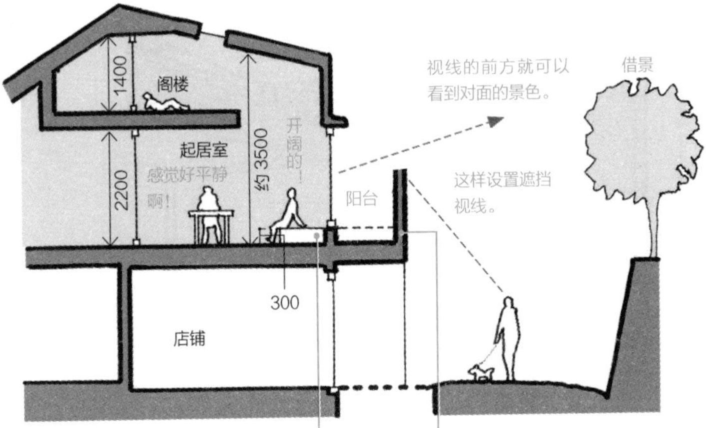

外廊（长凳）设置成距离地板 300 mm、可以坐着又可以躺着的空间。

阳台围墙高度为 1100 mm。包围式阳台增加了使用空间。

起居室是 6.8 个榻榻米大小的空间。通过设置落地窗，视觉上将外面的阳台和内部有效连为一体。另外，因为空间小，将一半以上的天花板高度放低至 2200 mm。通向阁楼的楼梯所形成的空间即楼梯井作为挑高空间，在高度上也有延伸感。

利用天花板的高度改变空间的感觉

室内空间的感觉会随着天花板高度的不同而大大改变。平坦的天花板、折线形屋顶的三角形天花板、平缓圆弧形的天花板、部分挑高的天花板等，根据高度或形状的不同感觉会大大不同。通常情况下，2100~2200 mm 高的天花板，可以通过设计开口部分来营造有亲密感的空间。另外，高的天花板会给人一种开阔感和活力感。如果想改变空间的质感，可以通过改变天花板的高度赋予空间一张一弛的感觉。

（小野）

采光通风良好的跃层的空隙

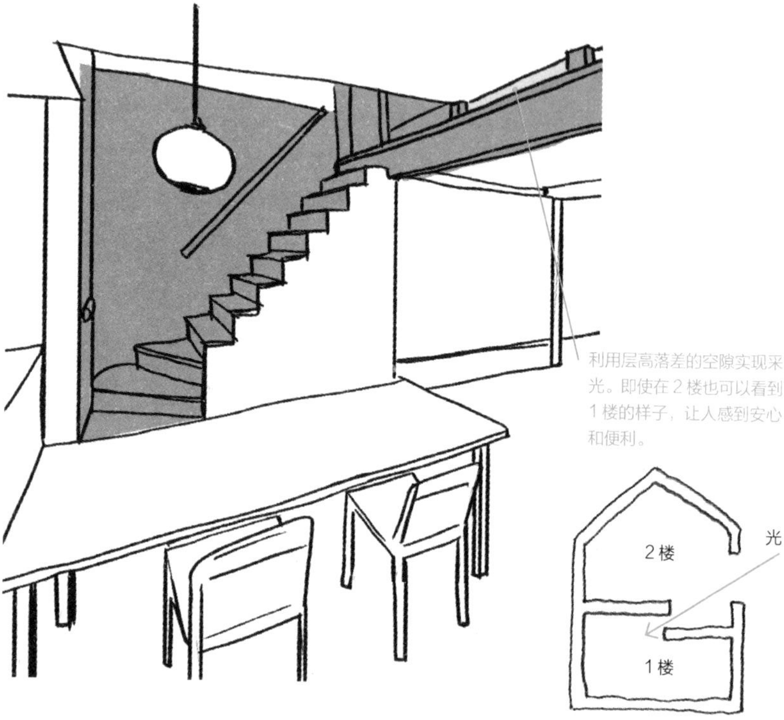

利用层高落差的空隙实现采光。即使在 2 楼也可以看到 1 楼的样子，让人感到安心和便利。
2 楼
光
1 楼

利用跃层间狭小的层高落差

本案例是将地板的高度错开两个台阶，利用空隙确保采光和通风。不管在 1 楼还是 2 楼，都能了解对方的情况，有利于家庭成员间的交流沟通。另外对不能设置挑高空间的住宅来说也是有效果的。特别是南北方向很长的建筑里，住宅的中间部分容易变暗，也可采用这种设计。间隙处安装玻璃或者可以开合的窗户，可以防止物品掉落，提升空间防暑降温的效果。

（丹羽）

注重屋顶椽子的间距

本案例将椽子简单地装于屋顶，对外隔热，从室内则可以直接看到椽子的原貌。这种表现手法可以漂亮地表现阴影变化，颇受住户欢迎。这时候就必须研究椽子的材料、尺寸以及间距。除了必须满足构造上的要求以外，还要考虑室内视线到屋顶的高度的关系、灯具的安装方法，以及想要体现纤细感还是力量感等。间距和尺寸的不同都会带来变化。

（石黑）

设计成能看到结构材料的样子来扩展空间表现。

照明采用吸顶灯，这个部分可以设计成将两根椽子束在一起，也可以不采用天花板照明，而采用在墙壁上安装壁灯的方式。
椽子的间距是 303 mm，尺寸是 60 mm × 150 mm，能展现阴影的力量感。
支撑房梁的柱子，采用 2 根列柱，避免单调的设计。
真现代！
2400
可以确保低的部分 2400 mm 左右，高的部分接近 3000 mm 的天花板。图示采用的是单坡屋顶。
因为想呈现简单的建筑物形状，屋顶也简化了设计，看上去很漂亮。

将支撑房子的“柱子”积极地展现出来吧

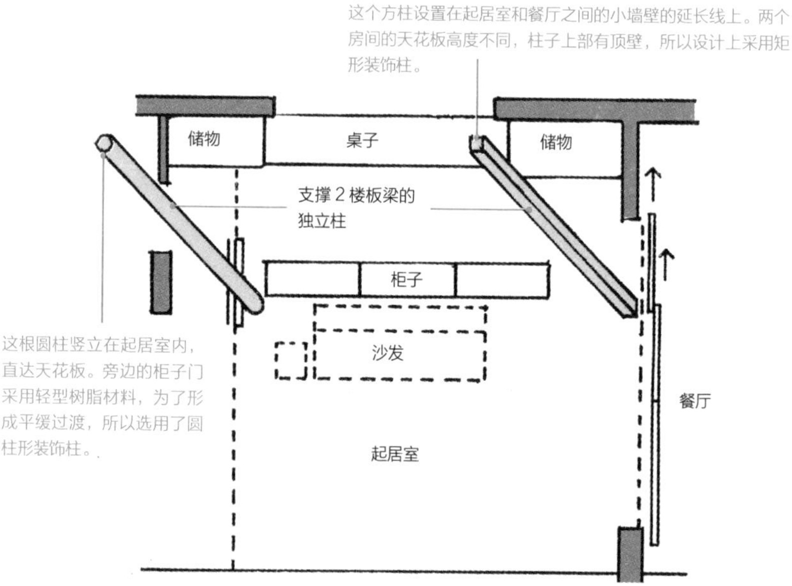
这个方柱设置在起居室和餐厅之间的小墙壁的延长线上。两个房间的天花板高度不同，柱子上部有顶壁，所以设计上采用矩形装饰柱。
储物
桌子
储物
支撑2楼板梁的
独立柱
柜子
这根圆柱竖立在起居室内，直达天花板。旁边的柜子门采用轻型树脂材料，为了形成平缓过渡，所以选用了圆柱形装饰柱。
沙发
餐厅
起居室

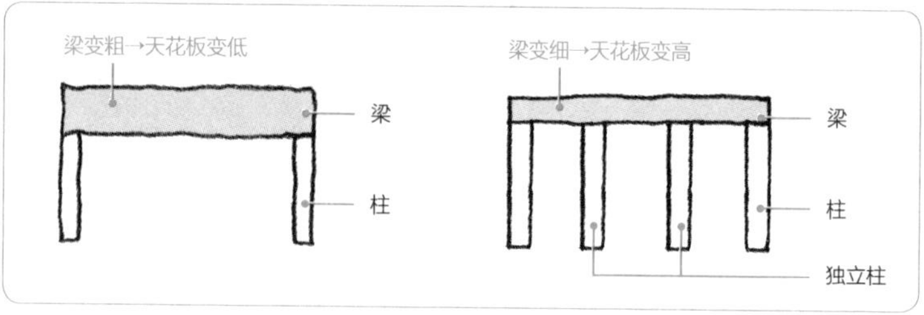
梁变粗→天花板变低
梁
柱
梁变细→天花板变高
梁
柱
独立柱

呈现独立柱

柱子之间的跨度大，并且房梁很粗的话，从便利性及通畅性来讲，设置独立柱会比较好。柱子的设置可以增强空间感，让人想要触碰，并且其可以成为空间的突出点。

近来的木结构住宅，室内外都采用暗柱墙壁，柱子不暴露在表面。然而，通过设置独立柱，会让人有一种“这个房子是由木柱子构成的啊”的实感。

（小野）

列柱和圆柱

如果不想对空间进行明显的区分，又想保持关联性，建议使用列柱将空间隔开。这种设计使得空间忽隐忽现，虽然偶尔会遮挡视线，但还是可以了解室内情况。由柱子产生的光和影非常漂亮，具有韵律感。圆柱比列柱间隔感稍弱，可以在标识空间领域的时候使用。比如在起居室兼餐厅里，在领域的交会处竖立1根或2根柱子，使其成为动线的引导，可供孩子攀爬、绕圈、玩耍等等，有很多意想不到的用处。

（仓岛）

用圆柱区分空间领域

利用4根圆柱和低天花板使人意识到这里是餐厅，前面的挑高空间则是起居室。

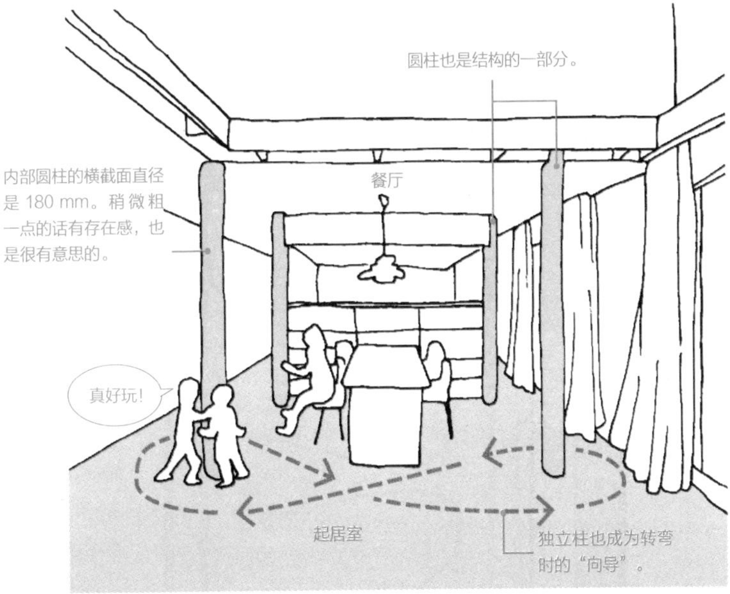

圆柱也是结构的一部分。
内部圆柱的横截面直径是180 mm。稍微粗一点的话有存在感，也是很有意思的。
餐厅
真好玩！
起居室
独立柱也成为转弯时的“向导”。

采用列柱的话，实现结构功能的柱子间距是910 mm或1820 mm，中间的柱子间距则设计成227.5 mm或303 mm。

外墙的结构用板材和透气性

直接接触外部的墙壁的隔热材料处，都会产生不同程度的结露。将结露排除在外部的是外墙通气层，隔热材料和外墙通气层之间是结构用板材。在结露产生的地方应该采用耐湿的结构用板材。相较于结构用胶合板，我一般会选用 MOISS 或 DAILITE 等防水性强的材料。因为墙体内部材料建造后不能更换，所以在选择的时候要特别慎重。这是延长建筑物使用寿命非常关键的一环。

（古川）

防止湿气产生，延长房子的使用寿命。

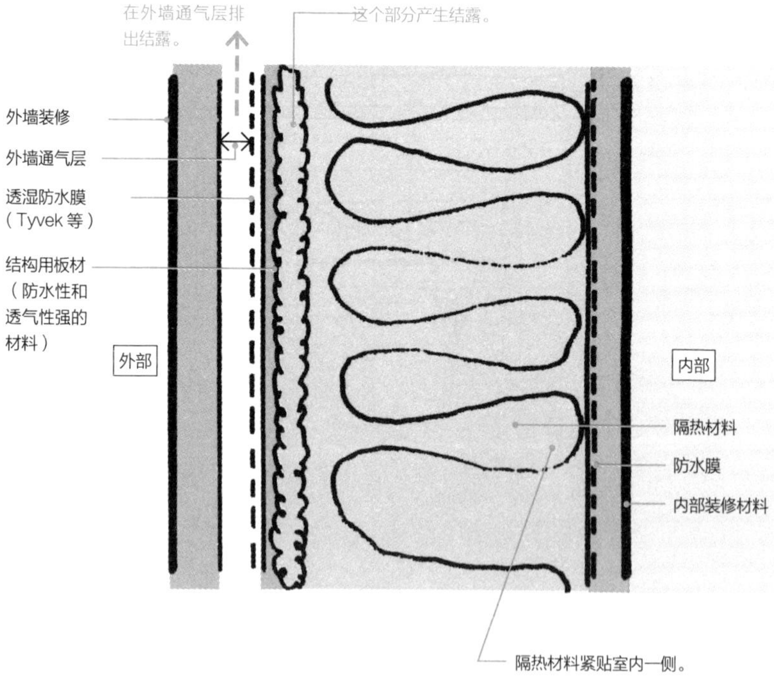

将结构外露，展现构造法的力量感

用明柱墙构造法将建筑的横梁和柱子露出来，体现力量感。墙壁是通过将尺寸为 36 mm × 910 mm × 1820 mm 的杉木横接板分成两部分，预留出伸缩缝打造而成。柱子、横梁使用经过干燥处理的天然杉木。
采用双层板用以承重

明柱墙构造法

每次面对由柱子和横梁搭建的上梁时，我都会被极具存在感的“木”深深吸引。这种想要直接表现柱子和横梁的强烈的想法让我选择了明柱墙构造法（*）。柱子和横梁外露的话，框架就自然而然地带有了整体感，“赘肉”也被削落。一方面被风吹的木材不易腐烂，另一方面一旦框架上出现异常就会显露出来，很容易被发现。明柱墙构造法是在日本本土发展起来并且符合现代环境的住宅设计法。

（野口）

* 明柱墙构造法：将室内墙壁上的柱子和横梁露出来的一种建造方法。

展现屋顶构架

就像古时候的竖穴式住居或农家一样，日本的传统住宅是将室内屋顶的框架直接显露出来，仿佛将住户温柔地包围起来。我想在现代的住宅中活用这种形式。但是，如果完全采用过去的做法，有些住户会觉得土气，因此设计将原来抬头就能看见的屋顶房梁和短柱隐藏起来，只露出椽子。这么做，就可以设计出与现代生活相协调的清爽的“现代民居”。

（山本）

展现屋顶构架，变成时尚民居

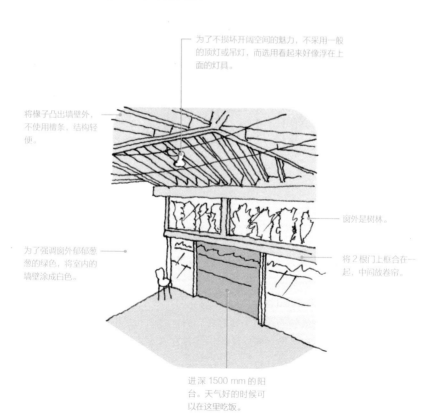

为了不损坏开阔空间的魅力，不采用一般的顶灯或吊灯，而选用看起来好像浮在上面的灯具。
将椽子凸出墙壁外，不使用檩条，结构轻便。
窗外是树林。
为了强调窗外郁郁葱葱的绿色，将室内的墙壁涂成白色。
将2根门上框合在一起，中间放卷帘。
进深1500 mm的阳台。天气好的时候可以在这里吃饭。

成本低廉的 B 级住宅

墙、地板、外墙、屋顶板材全部由杉木柱子打造的家。“B 级住宅（低成本的精致住宅）”，多采用市面上被淘汰的、形状不规则的 B 级材料建造而成。结构材料、隔热材料、装修材料全部采用杉木。

兼备构造和基础的初步装修

我经常采用的降低成本的方法是，控制木材的单价（无节的木材价格高，有节的木材价格相对便宜），而不降低木材的厚度和质量。不能用 A 级木材，只能使用 B 级或 C 级木材的时候，如果采用厚的板材，既可以提高木材的隔热性，又可以感受其经年变化。另外，这种做法也适用于那些想要缩短工时，敢于将基础材料和构造材料展现出来，并且能够享受这种质感生活的家庭。忽视一些不重要的细节，感受整体带来的变化，则可用合理的价格打造奢华的空间。

（松泽）

一物多用

一般的木结构住宅，考虑到应对湿气，以及法律上的规定，地面到木基础梁必须保持一定的距离。从地面到 1 层大约有 2 个台阶的高度，因此需要设置楼梯。扶手的设置则是出于安全考虑，但是在设计上要尽量降低扶手的存在感。这时候采用的设计是，将鞋柜表面凸出 60 mm，从玄关走上 1 层的时候会无意识地将其作为扶手使用。这种设计，兼顾储物和扶手的用途，通过消除各自的存在感，让人感受到一种简约的美感。

（杉浦）

没有存在感的扶手

这是兼具鞋柜和扶手功能的柜台。设计成一物多用，融入空间，让人感受不到它的存在。

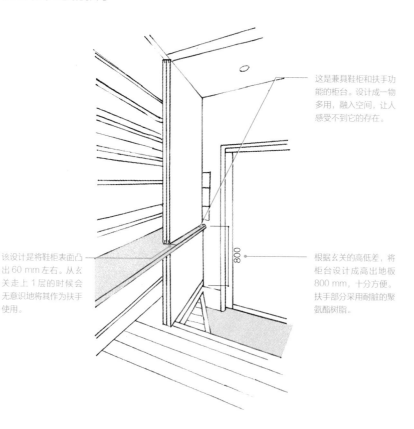

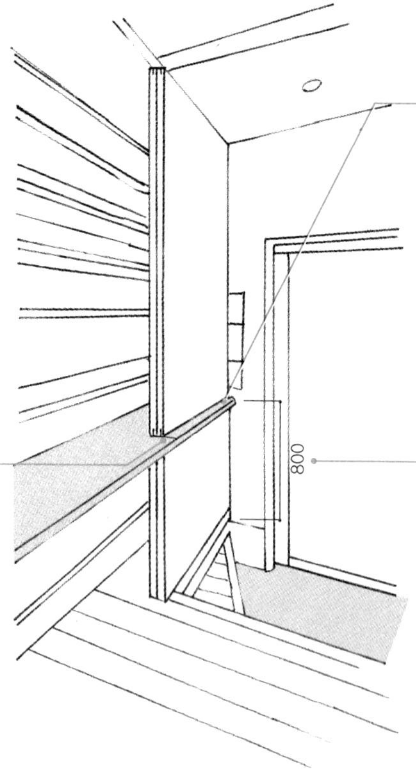

该设计是将鞋柜表面凸出 60 mm 左右。从玄关走上 1 层的时候会无意识地将其作为扶手使用。

根据玄关的高低差，将柜台设计成高出地板 800 mm，十分方便。扶手部分采用耐脏的聚氨酯树脂。

建造房子的秘诀是重视平衡

不仅仅是住户或设计师的视线，施工方、路过行人或者邻居的视角，以及保持平衡感都是非常重要的。

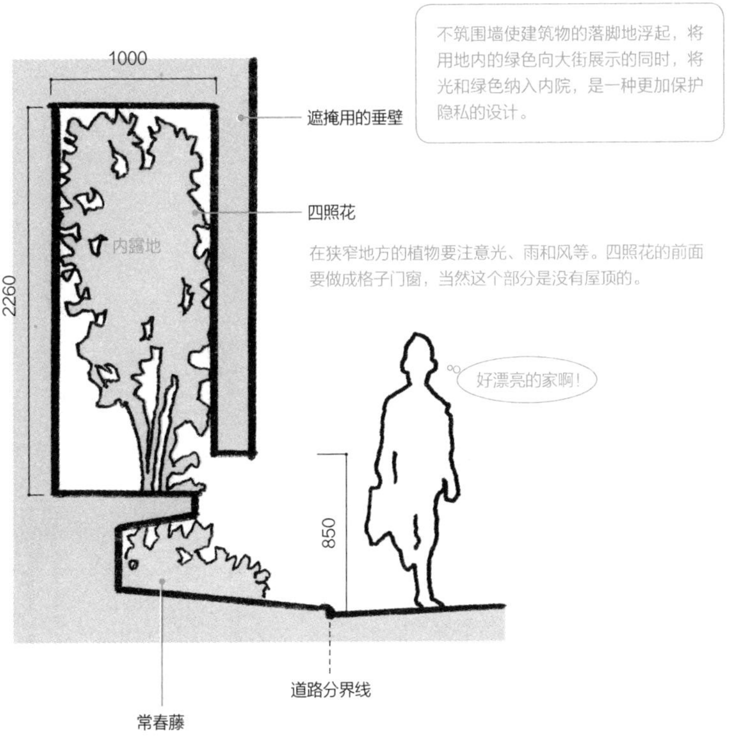

不筑围墙使建筑物的落脚地浮起，将用地内的绿色向大街展示的同时，将光和绿色纳入内院，是一种更加保护隐私的设计。
1000
遮掩用的垂壁
四照花
在狭窄地方的植物要注意光、雨和风等。四照花的前面要做成格子门窗，当然这个部分是没有屋顶的。
内露地
2260
好漂亮的家啊！
850
道路分界线
常春藤

“平衡”

建造房子，平衡是非常重要的。如果为了保护隐私，在用地四周竖起高高的围墙，就会很容易破坏平衡，成为孤立的房子。对于用地内的绿色，不能仅单方面考虑从室内要看到院子，还需要考虑路过的行人会怎么看、怎么感受。本案例是在狭窄的用地上建造小房子，即使没有设置围墙，通道空间将通道的绿色向大街展示的同时，又利用垂壁保护了出入家庭成员的隐私。

（高野）

在现场产生的灵感

建造房子的时候，要考虑实物材料的具体情况。房子产生的地方不是事务所，而是“现场”。在现场，针对实物材料，在与工匠的交谈中会产生很多灵感。本案例是在玄关的水刷石地板里镶嵌扁平的、大小不一的踏脚石。踏脚石避开玄关门廊的正中间，镶嵌在其周围。玄关的门挡也镶嵌一些踏脚石，使得整个设计富有动感。

（高野）

从素材和经验中也会产生灵感

面对现场的空间大小和具体的石头和沙石时，会产生灵感。采光、视线、工人的技术和经验等，各种要素相互影响。因此，多少毫米的石头比较好，多少毫米的门窗隔扇的格棂比较漂亮等等，绝对的数字是没有美丑的。

在现场产生的灵感，往往天马行空，有无限的可能性。从庭园工人带过来的石头、泥瓦匠的水泥石子、木匠和木……设计师和工匠在现场的交流中产生新的灵感。

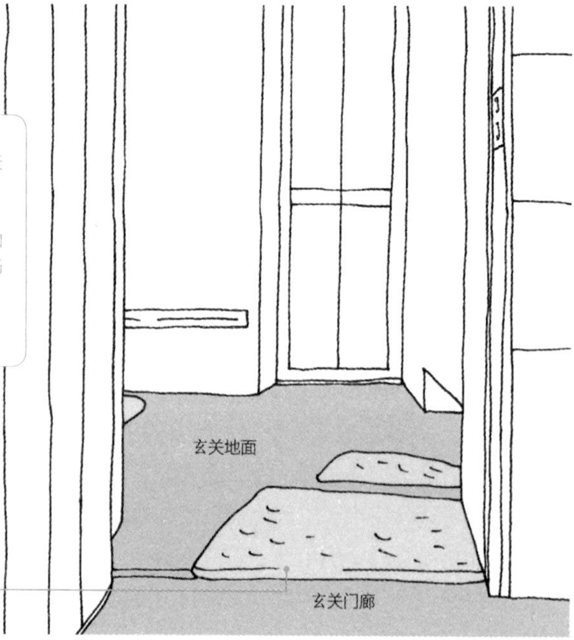

通过调整天花板的高度和地板层高落差获得开阔感

通过将墙壁错开等等，营造水平、垂直方向视线（空气）都能流通的空间，从而获得开阔感。

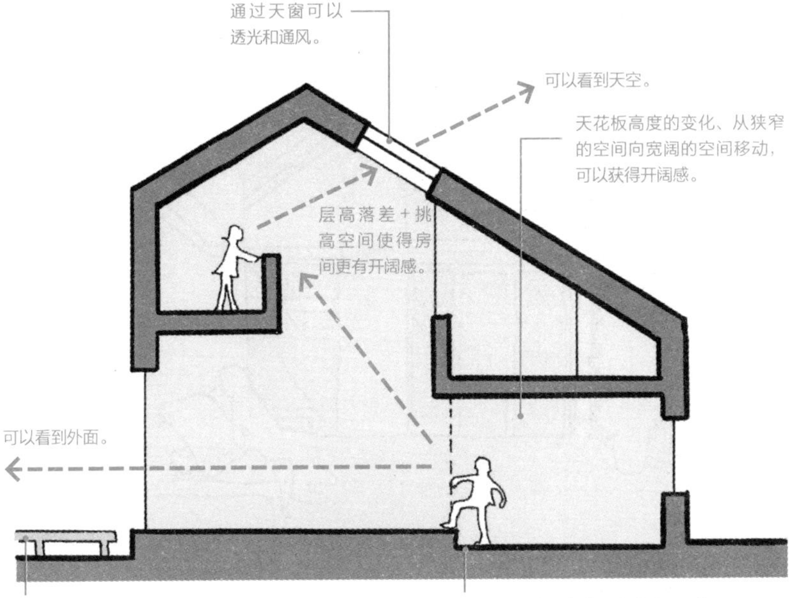
通过天窗可以透光和通风。
可以看到天空。
天花板高度的变化、从狭窄的空间向宽阔的空间移动，可以获得开阔感。
层高落差＋挑高空间使得房间更有开阔感。
可以看到外面。
外部的木制踏板要设计成好像是从内部的地板延伸出来一样。
将地板设计成具有层高差，变成跃层。地板的高度产生变化，也是很有效果的。

追求开阔感

考虑到用地的状况和隐私问题等等，从住宅的内部面向外部获得开阔感是非常难的。但是，即使在小户型的住宅空间，也是有可能营造出开阔感的。从天花板低的地方向高的地方，或者从狭窄的地方向宽阔的地方移动，这种变化可以获得开阔感，像上图这样，虽然不是完全的挑高空间，但是不遮挡视线，视野很好，使人有种开阔感。

（坂东）

设计能够看到天空的开口部，在城市住宅里也能感受大自然

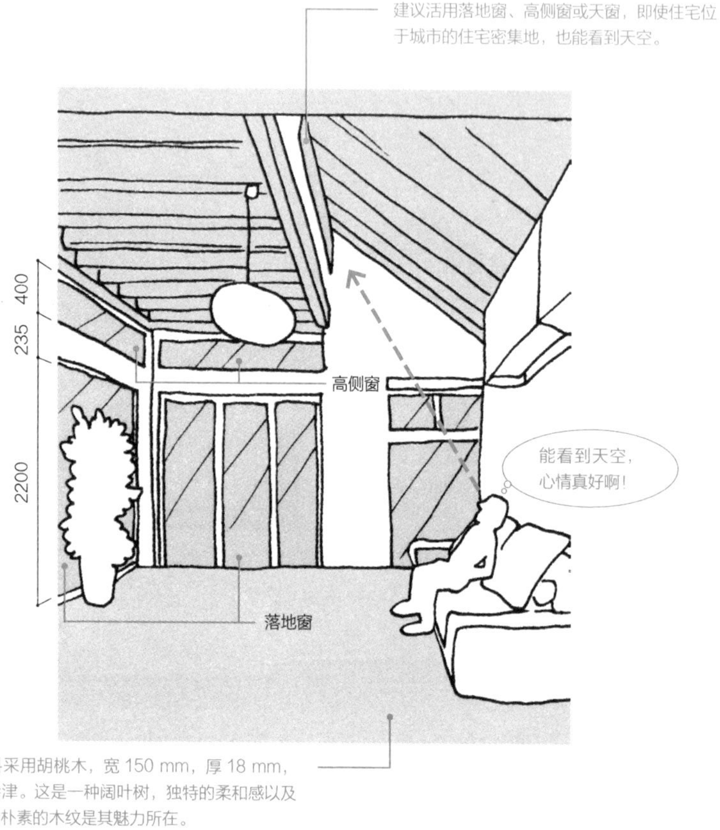
建议活用落地窗、高侧窗或天窗，即使住宅位于城市的住宅密集地，也能看到天空。
400
235
2200
高侧窗
能看到天空，心情真好啊！
落地窗
地板材料采用胡桃木，宽 150 mm，厚 18 mm，产自南会津。这是一种阔叶树，独特的柔和感以及如树木般朴素的木纹是其魅力所在。

能仰望天空

为了使空间获得实质性的扩展，建议将房子设计成能够看到天空。特别是在城市的住宅密集地，能够感受大自然是非常重要的。因此，即使是处在被三方邻居包围的环境，也想方设法建造开口部，以仰望令人身心开阔的天空。能够看到庭院的落地窗、设置在屋顶的连接起居室的高侧窗（高侧窗采光）、清晨阳光照射的餐厅的高侧窗或天窗等，都赋予了城市住宅开阔的空间感。

（松本）

与建筑物融为一体的座位

“不知为何，很自然地就坐下来了……”家里如果有这样的地方是很惬意的吧。

比如与飘窗融为一体的长凳、下面可以当作储物柜使用的台子或者铺设榻榻米的地方，在房子里修建这些，其便成了坚固结实的“与建筑物融为一体的座位”，给人一种安全感。另外，长凳的延长部分可以当作电视柜使用。建议在家中修建可以让人心情愉快的场所。

（小野）

外观像外廊。可以当作电视柜使用

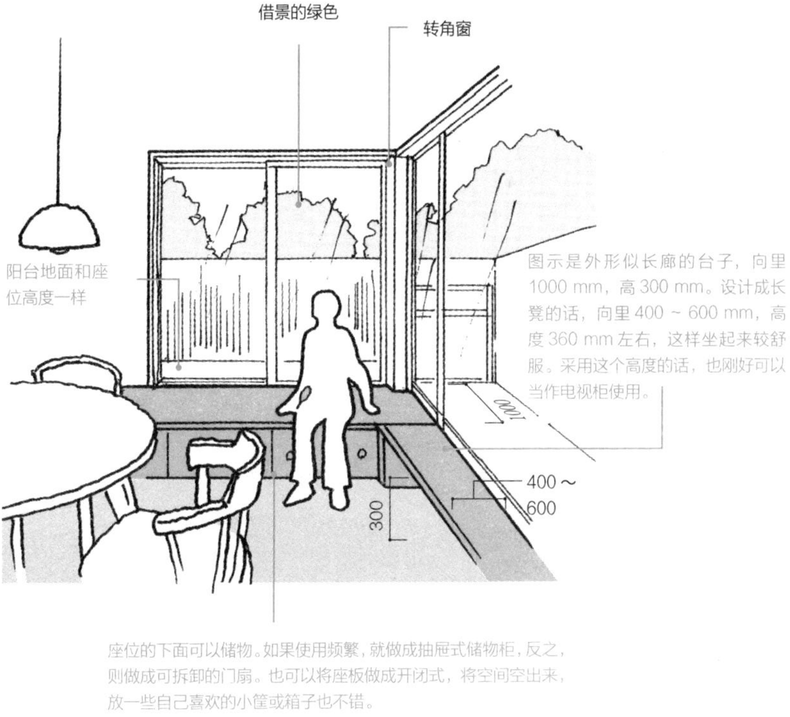

借景的绿色
转角窗
阳台地面和座位高度一样
图示是外形似长廊的台子，向里1000 mm，高300 mm。设计成长凳的话，向里400 ~ 600 mm，高度360 mm左右，这样坐起来较舒服。采用这个高度的话，也刚好可以当作电视柜使用。
1000
400～
600
300
座位的下面可以储物。如果使用频繁，就做成抽屉式储物柜，反之，则做成可拆卸的门扇。也可以将座板做成开闭式，将空间空出来，放一些自己喜欢的小筐或箱子也不错。

内与外的联系

为了使人在室内可以欣赏到外面的风景，营造内与外的联系是非常重要的。因此窗户的设计就成了关键之处。天气好的时候，同时打开多扇门窗可以很大程度地连接室内与室外，但是这样的情况通常很少。关着窗户的时候，门窗会分割风景。因此我非常喜欢大型组合窗和推拉门的组合。除此之外，住宅内还设置有换气用的小窗户、欣赏风景的窗户、人出入用的窗户，将窗户按功能区分开来。

（村田）

通过大窗户联系内外

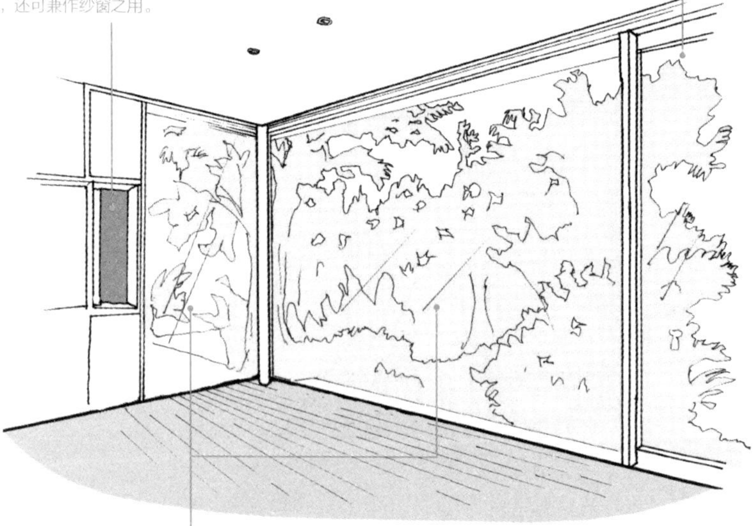
换气用的窗户装有帘子，可称为“帘窗”，还可兼作纱窗之用。
人出入用的窗户
欣赏风景用的大型组合窗采用双层中空玻璃。出入用的窗户要考虑操作性，采用隔热性强、轻便的真空玻璃。

第2章

平面布局和动线

平面布局和动线，虽然不需要与众不同的设计，但是人的生活方式各有不同，为了打造使人心情舒畅的住宅，除了要考虑排列房间和房间的“平面布局”、连接行为和行为的“动线”，还要考虑家庭成员之间的“交流沟通”、冷热适宜的“舒适感”、与人成长相配合的“可变性”。这些与营造温暖的生活氛围紧密相连。设备或者建筑物的性能会随着流行趋势和日新月异的技术而改变，而平面布局和动线却是一生持续生活的根源。

（根来）

与不断变化的家庭成员的人生阶段相适应的设计方案

在有孩子的家庭里，可以考虑建造以母亲为中心的立体的单间，2 楼将来可以隔断使用。

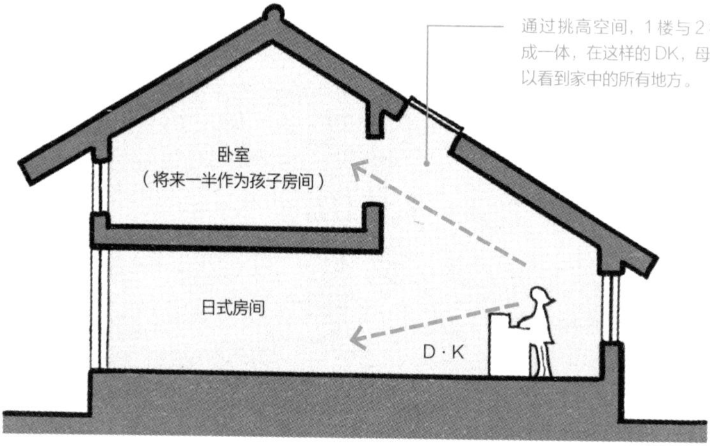
通过挑高空间，1 楼与 2 楼连成一体，在这样的 DK，母亲可以看到家中的所有地方。
卧室
（将来一半作为孩子房间）
日式房间
D·K

反映家庭成员关系的变化

作为住宅的典型设计方案，nLDK（*）风格已经出现很久了，但是现代的家庭的存在方式正在不断地走向多样化。即便是一家人，因为处在不同的人生阶段，生活方式也会不同。设计时，除了将家庭成员的生活方式和关联性反映在规划上，也要有应对以后变化的包容力。除了上图的例子以外，在只有成人的家庭里，可以将各自舒适地度过时光的 LD 设置在 1 楼，房间设置在 2 楼，通过挑高空间相互传递家庭成员之间的心情。为了应对将来的变化，考虑到趣味空间设定，以及两代同住的变化，将 2 楼的隔断设计成可装卸的。

（坂东）

*nLDK：用单间数（n）、起居室（L）、餐厅（D）、厨房（K）来标记住宅设计图。其源于“食寝分离”的想法，后来随着小家庭化逐渐定型。但是，现在人们开始追求不拘泥于这个框架的住宅。

用水场所的动线

用水场所的布置与生活的舒适感息息相关。对于要每天做饭、洗衣、进行沐浴准备的主妇来说，如果到厨房、洗衣间、浴室的动线顺畅的话，做家务的效率会提高很多。而且，对于家庭成员来说，到厕所、洗脸间、浴室的动线不交叉的话，生活会变得很便利。因此，住宅规划时，用水场所的布置是非常重要的。理想的规划是，将洗衣、洗脸、浴室等用水场所，设计成可以巡回的回廊型动线。

（菊池）

可以巡回的回廊型动线是最理想的

为了更有效率地做家务，应确保从玄关到玄关储藏室、食品库、厨房的动线。如果有将外面使用的东西或食品类带回家后可以马上储存的地方，收拾起来就会很便利。

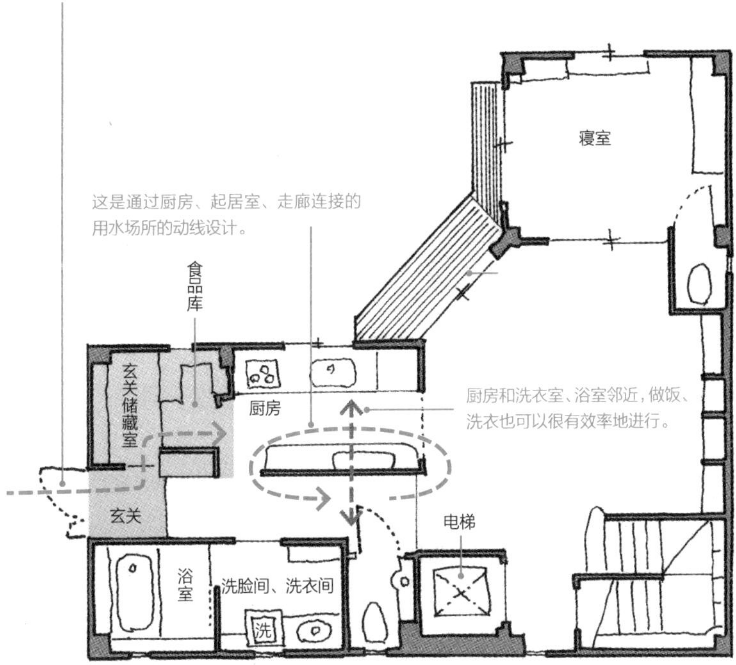

寝室
这是通过厨房、起居室、走廊连接的用水场所的动线设计。
食品库
玄关储藏室
厨房
厨房和洗衣室、浴室邻近，做饭、洗衣也可以很有效率地进行。
玄关
电梯
浴室
洗脸间、洗衣间
洗

家庭成员之间的距离感

房间的布置方法与家庭成员的生活方式紧密相关。特别是在有孩子的家庭里，孩子的第一个房间怎么设计，以及父母跟孩子之间的距离感等，每个家庭都不一样。是否确定这些后再布置房间，关乎到以后的居住环境舒适与否。

爸爸虽然关心孩子但是偶尔也想要一个人呆着，为了建这样的书房，通过 2 楼的平台将其与起居室“分开”。虽然“分开”了，但是书房面对着起居室的挑高空间，起居室的情况也能清楚地看到。

（白崎）

虽然关心孩子但是偶尔也想要一个人呆着的爸爸的书房

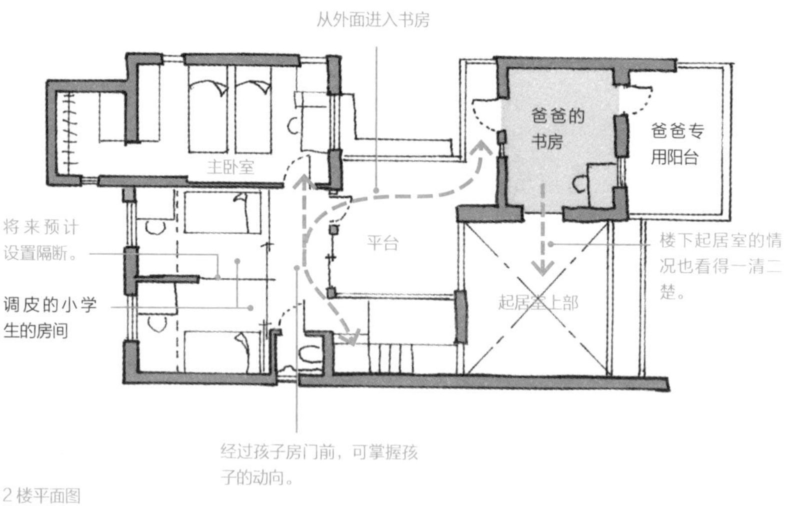
从外面进入书房
主卧室
爸爸的
书房
爸爸专
用阳台
将来预计
设置隔断。
平台
楼下起居室的情
况也看得一清二
楚。
调皮的小学
生的房间
起居室上部
经过孩子房门前，可掌握孩
子的动向。

2 楼平面图

从车里出来后不被雨淋湿的通道

有必要设计大房檐，避免被雨淋湿。
1800
4065
2100
2100
考虑到后车厢开闭，2100 mm左右的高度是必要的。

车驾驶室的门完全打开的时候，打开的幅度大概是800 mm。每种车都不同，需要确认所有车的车门完全打开时的幅度。

从停车处到玄关、后门的动线

考虑到搬运大件行李、外出购买日用品回来或者下雨天出入等，从停车处到家的通道的布置规划是非常值得研究的。而且，如果将停车处当作家的一部分，必须考虑与建筑物融为一体。考虑到用地和道路的关系，停车处要设置在从玄关或后门出来行李可以马上搬运到车上的地方。另外，房檐要大，防止被雨淋湿。为了避免光线太暗，一部分安装玻璃。如果停车处在住宅里面，除了玄关，还要设置从停车处直接到住宅的进出口。

（菊池）

将储物台的下部作为屋外的生活垃圾放置处

考虑到防水以及流畅的动线，使用推拉门会比较好，但是推拉很费劲，所以采用朝内开的门。
如果采用朝外开的门，就要估算好垃圾袋或塑料桶的高度再设置，也要确保有足够的面积，
使得垃圾能够放置在远离开口部的位置。

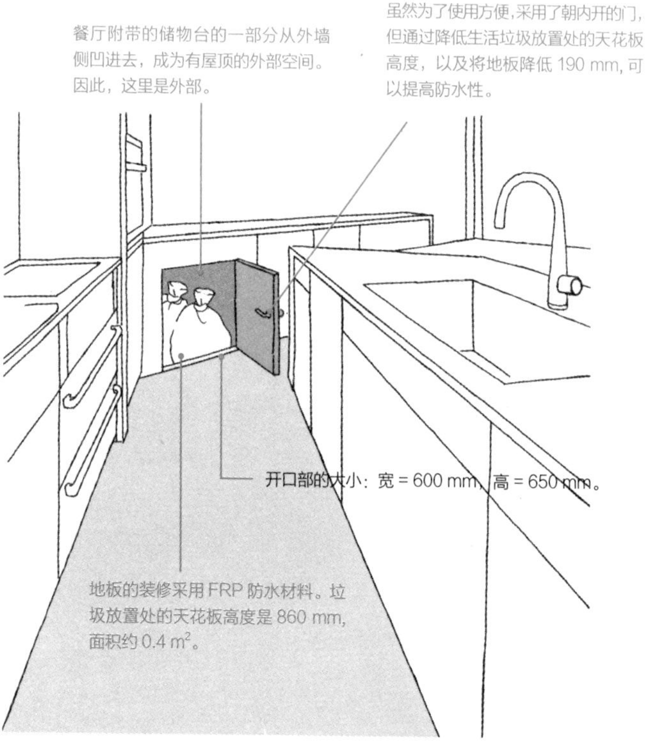
餐厅附带的储物台的一部分从外墙侧凹进去，成为有屋顶的外部空间。因此，这里是外部。
虽然为了使用方便，采用了朝内开的门，但通过降低生活垃圾放置处的天花板高度，以及将地板降低 190 mm，可以提高防水性。
开口部的大小：宽 = 600 mm，高 = 650 mm。
地板的装修采用 FRP 防水材料。垃圾放置处的天花板高度是 860 mm，面积约 0.4 m²。

放置生活垃圾的地方

厨房在 2 楼以上的住宅，没办法设置后门，所以必须采取措施应对生活垃圾的臭气。这个生活垃圾放置处就是餐厅附带的储物台的一部分从外墙侧凹进去而形成的，成为有屋顶的外部空间。再列举另一个方法，如果有屋顶平台的话，设置后门，其可以作为外部的临时垃圾放置处来使用。另外，也可以设置专门为此服务的阳台。

（杉浦）

洗衣环境

说到晾衣服的地方，雨天就不用说了，花粉期是没办法在外面晾衣服的，因为夫妇都要上班，回家晚了，只能晚上很冷时出去拿衣服，有这种情况的人很多吧。但是又不想用浴室换气烘干机或洗衣甩干机，而是想尽可能地利用太阳自然晒干，使衣服散发阳光的味道。这时候可以利用楼梯的上方，设置室内衣服晾干处。让人意外的是，这样既可以不用介意他人的目光，又可以使热气在上方聚集。另外，冬天又可以防止室内过于干燥，同时，让楼梯处充满香气。

（田中）

在花粉或梅雨期也没问题的室内衣服晾干处

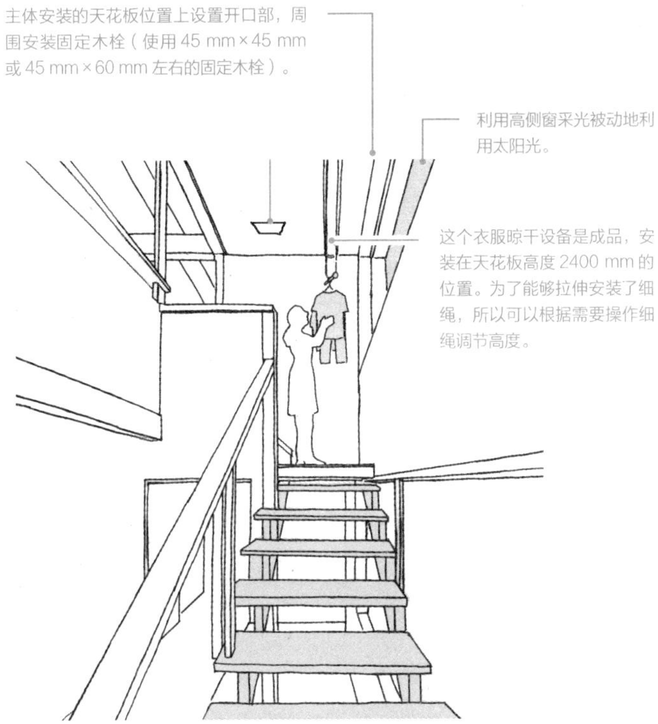

主体安装的天花板位置上设置开口部，周围安装固定木栓（使用 45 mm×45 mm 或 45 mm×60 mm 左右的固定木栓）。
利用高侧窗采光被动地利用太阳光。
这个衣服晾干设备是成品，安装在天花板高度 2400 mm 的位置。为了能够拉伸安装了细绳，所以可以根据需要操作细绳调节高度。

对上班夫妇来说便利的家务动线

对有正处于上学年纪的孩子又都上班的夫妇来说，早晨的时间是分秒必争的。一边开着洗衣机一边做便当，同时准备早饭。而且，吃完饭收拾完后要晾衣服。甚至洗脸、上厕所也要家人轮流进行。一边盯着钟表，一边将垃圾放在外面后上班去。这样，为了使慌乱又紧张的时间分配变得合理高效，将厨房设置在类似“司令塔”的位置，设计“回游”动线，配置与其周围相适应的各种用途。

（田中）

厨房是早晨的“司令塔”

厨房成为“司令塔”，发出晾衣服、早饭（做、吃、收拾）、准备便当、扔垃圾、上厕所的顺序、洗脸等的指示。

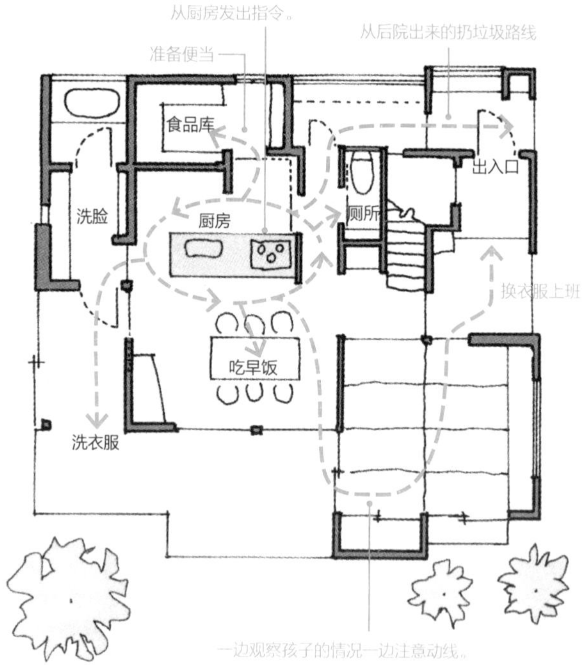

可直接坐在地板上的起居室兼餐厅

上层的两间儿童房和下层的厨房和茶室可以通过挑高空间，传递相互的心情。

矮桌的周围设置地柜（储物），可以储存小物品。但是考虑到使用方便，储物柜采用了推拉门。

对面厨房有腰壁，增强了茶室的安定感。

茶室里放置矮桌，可以在桌上进行吃饭等各种活动。

在小型起居室兼餐厅使用矮桌

起居室兼餐厅是否舒适与面积没有关系，而是由家人能休闲放松的地方的建造方式决定的。以前住宅里有叫作茶室的房间，家人可以聚在一起喝茶，也可以在那里吃饭。通过再现这种茶室的魅力，可以打造虽小但很舒适的起居室兼餐厅。地板采用木地板，在其上放置矮桌，打造舒适的茶室。

（本间）

便利的厨房

厨房的操作台的最适宜高度是“身高 ÷2 + 5 cm”，要配合主要使用的人，但是为了能够实现多种用途，仅限于平均的 850 mm 左右。操作台推荐采用“二”字形操作台或岛型操作台，而且在厨房内确保有放置生活垃圾和不可燃垃圾的地方。对于塑料瓶和洗后就没有难闻味道的东西，在后院设置放置处。对于家电，使用频率高的和会产生热气的，要储存在可以露出或拉出的地方。餐具放在有不透明门的储物柜里，就不会显得杂乱了。

（田中）

厨房要设计出合理且方便的动态动线

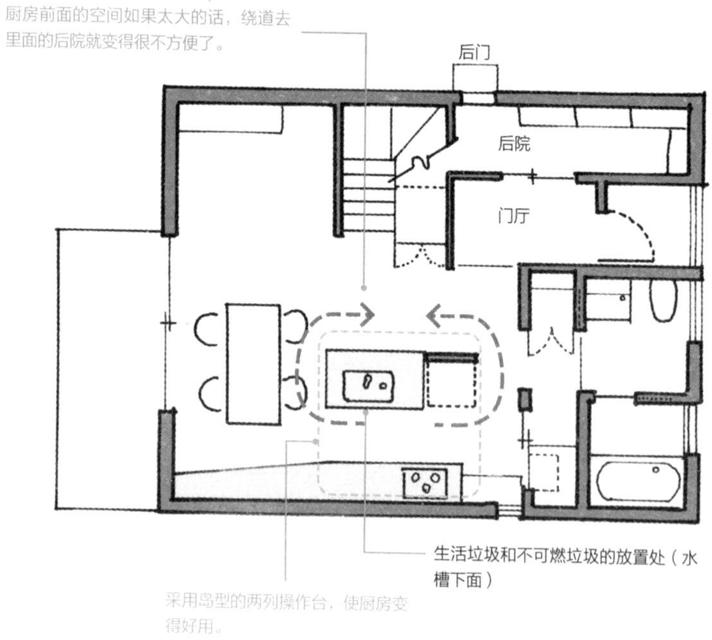
厨房前面的空间如果太大的话，绕道去里面的后院就变得很不方便了。
后门
后院
门厅
生活垃圾和不可燃垃圾的放置处（水槽下面）
采用岛型的两列操作台，使厨房变得好用。

家庭成员都可以使用的学习角

隔开起居室和学习角的宽 3000 mm、进深 400 mm、高 1800 mm 的大型储物柜固定在地板上。起居室一侧是覆盖杉木板的墙。搁板是可移动的。有效进深如果有 400 mm，就可以储存比较大的东西（厨房家电等），也方便利用市面上的抽屉式储物盒。

桌子的进深为 400 ~ 600 mm，宽度根据空间不同为 900 ~ 2500 mm。此为家人可以并排使用的空间。

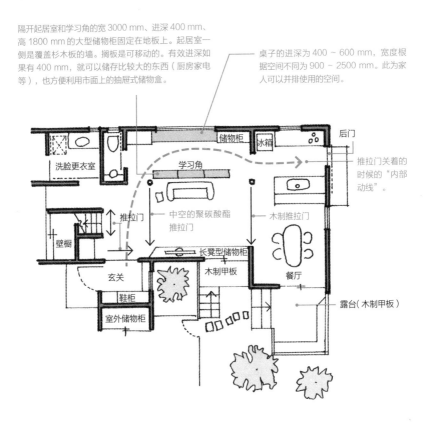

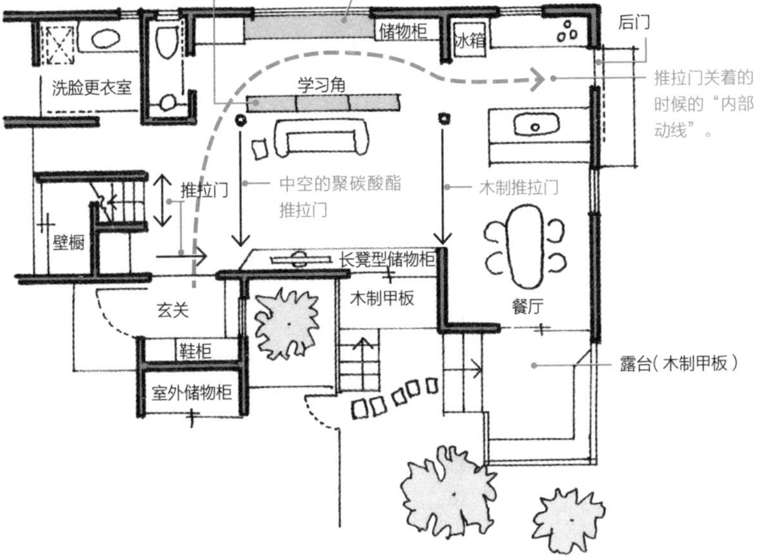

家人共有的学习角

不是书房或学习房，而是在起居室或餐厅的旁边设置学习角。与家人在同一个空间，可以做作业、记录家庭收支情况、使用电脑等。既可以在起居室的一角以开放形式设置，也可以用格子推拉门轻轻隔开，还可以共用里面的动线。桌子的进深为 400 ~ 600 mm，宽度从 900 mm 左右到家人可以并排使用的 2500 mm 左右都可以，但是要使整个空间平衡。

（小野）

用餐空间

将2楼设计成“回游”型平面布局的例子。餐厅兼厨房，除了实现其本身的功能性，还想要使其作为用餐空间显得更有氛围。对于餐厅或厨房的装修，每个家庭都有不同的规则，因此要有细致的计划来应对。餐桌的正上方通过设计曲线形吊顶来改变高度，另外通过照明效果赋予空间变化。在家人长时间共同度过的餐厅，将日常生活点缀得更加丰富多彩。

（宫野）

将让大家聚集在一起的餐厅营造得有氛围

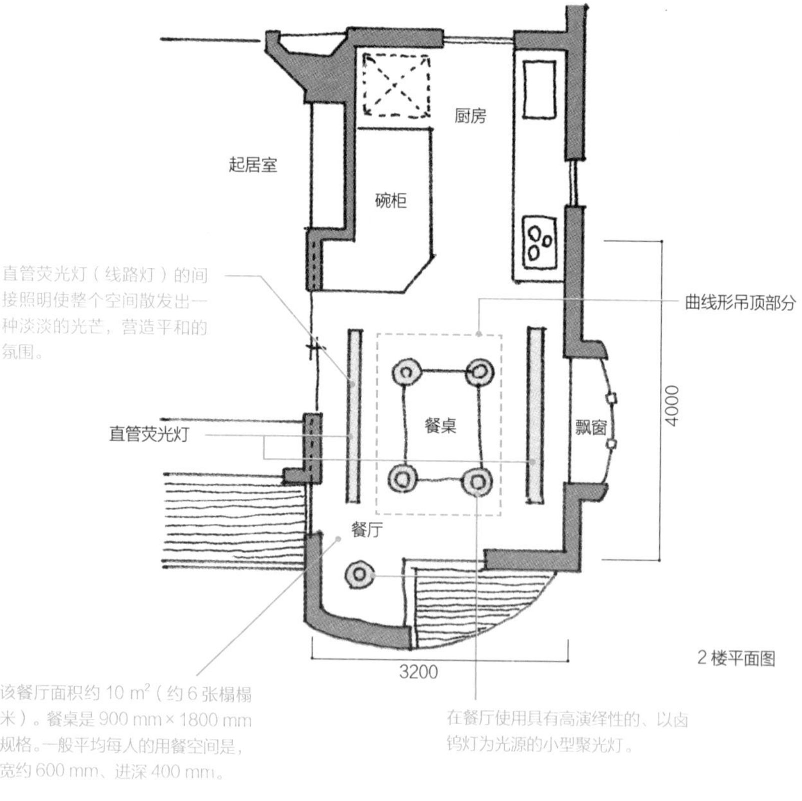
厨房
起居室
碗柜
直管荧光灯（线路灯）的间接照明使整个空间散发出一种淡淡的光芒，营造平和的氛围。
曲线形吊顶部分
4000
餐桌
飘窗
直管荧光灯
餐厅
3200
该餐厅面积约 10 m²（约 6 张榻榻米）。餐桌是 900 mm × 1800 mm 规格。一般平均每人的用餐空间是，宽约 600 mm、进深 400 mm。
在餐厅使用具有高演绎性的、以卤钨灯为光源的小型聚光灯。

2 楼平面图

利用推拉门可横着进入的厕所有很多好处

厕所设计成可以横着进入，门采用推拉门，具有开关门方便、老年人也容易使用、可以减少在厕所内的不必要动作等优点。

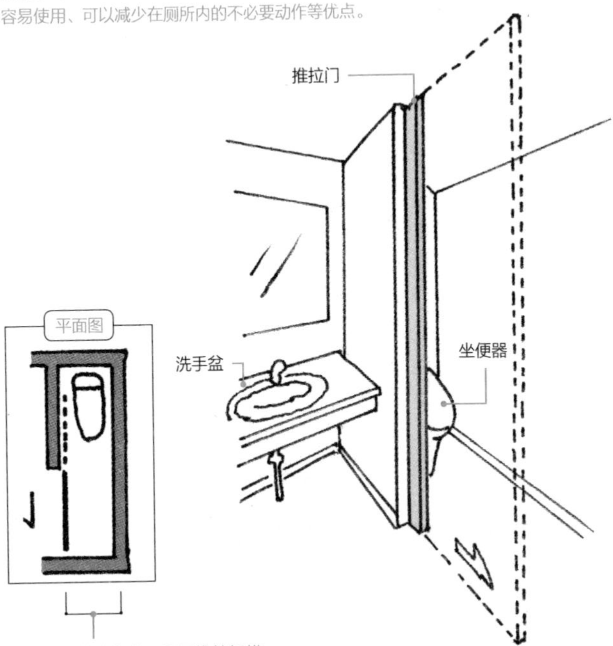

即使这个宽度很窄，采用推拉门横着进入的话，使用起来很便利。

利用推拉门可以横着进入的厕所

厕所宽敞的话是很好，但是通常空间都非常有限。即使是狭窄的厕所也尽可能有效地使用是非常重要的。比如，对于坐便器，考虑设计可以横着进去的入口，采用推拉门就可以实现。说到横着进入的好处，从进厕所到蹲下身体不用 180 度转动，只要转动 90 度就可以了，可以减少在狭窄厕所里的不必要的动作。采用推拉门的话，开关门不费劲，老人如厕也方便，因此厕所采用推拉门横着进入比较好。

（古川）

2 厕所的位置

避开大家聚集的地方，将厕所设置在走廊与盥洗室的中间，并分别与其保持一定距离，这样的平面布局是非常重要的。而且我们还要好好规划，使得在厕所门开着的时候，从外面看不到坐便器。当然，在厕所里面也要有存放厕纸以及必要的打扫工具的地方。还有些人会在意换气问题，最近厕所用的卫生器具比如坐便器都自带除臭功能，通过窗户进行自然换气就已经足够，因此不需要担心。

（田中）

厕所设置在留有缓冲地带的地方

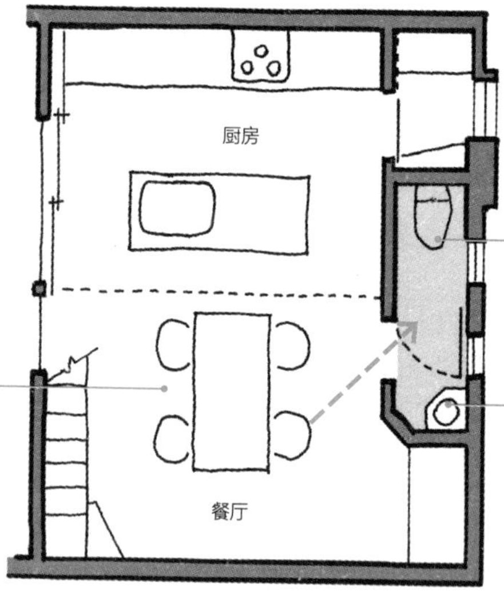

厨房
餐厅
大家聚集的地方
厕所设置在留有缓冲地带的地方。即使打开厕所门，从餐厅也看不到坐便器。
洗手盆独立设计，此处是缓冲地带。

本设计的要点是，从大家聚集的地方到厕所留有缓冲地带，并且坐便器逆向设置。另外，洗手台处也可以当作缓冲地带。

使用方便、耐脏、整洁的盥洗室

晾干之前暂时用来悬挂的挂杆
建造可以收纳洗脸盆周围小用具的储物柜。
镜子
浴室
进深 100 mm 的地方设置搁板放置洗衣剂。
将实验或医疗用的水槽作为家庭洗脸盆使用，因为其很大，可以放置按压式洗手液等，非常便利。
洗衣机
不放置洗衣机防水垫，让排水管道露出来，这样能保持干净。

洗脸盆、洗衣机周围

洗脸盆、洗衣机周围是生活中使用频率很高的地方，需要使用很多小用具，因此需要细致地考虑。洗脸盆周围确保有安装毛巾挂杆，以及收纳牙刷等用具的地方。使用实验或医疗用的水槽，可以实现多种用途，里面还可以放置按压式洗手液，非常便利。洗衣机周围确保有放置洗衣剂等的地方，另外晒衣服之前暂时悬挂衣服的地方也要准备。放置洗衣机防水垫的话，周围容易变脏，所以将洗衣机直接放在地板上，为了安全起见将排水管道设置在看得见的地方。

（田中）

设置推拉门的单间形式的房屋布局

近来住宅的隔热性、密封性变得越来越好，也容易实现只用 1 台空调调节整个家的温度，既节能又高效，考虑到这一点，房屋布局要接近单间形式，便于调节室内温度，从而提高空调的效率。单扇门基本是关着的，推拉门即使打开也不会形成阻碍，只在必要的时候关上。将所有的推拉门都打开，即可变成一个房间，那么不管走到哪里都不会感到冷了。

（松原）

在单间形式的房屋布局中有效使用推拉门

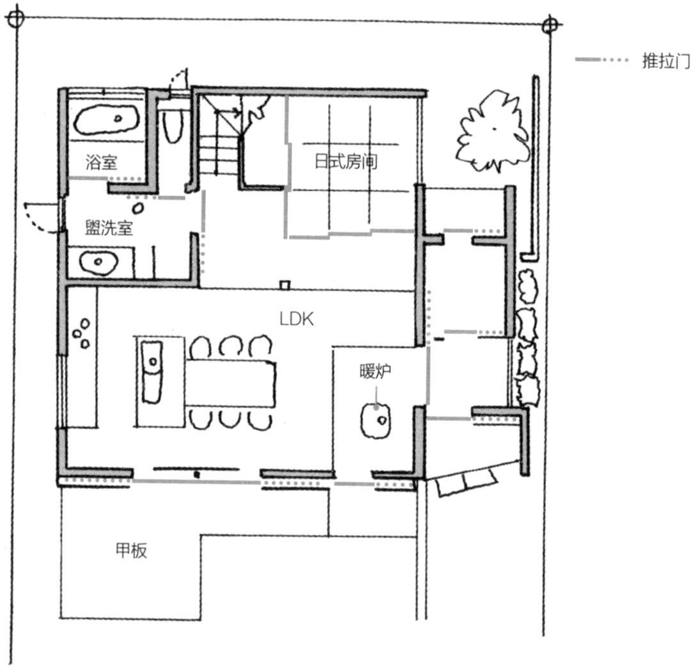

这是两层楼的 1 楼平面图。本案例为了使夏天通风、冬天用暖炉温暖房间，所有房间的门包括厕所、浴室，都采用推拉门（2 楼也都采用推拉门）。

了解家人的心情，建造开放式的儿童房

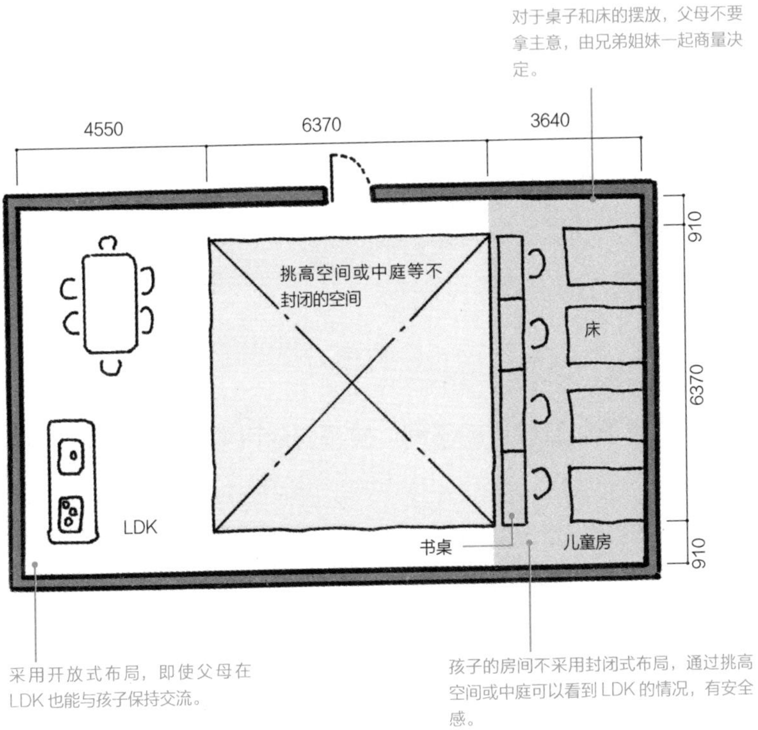
对于桌子和床的摆放，父母不要拿主意，由兄弟姐妹一起商量决定。
4550
6370
3640
910
6370
910
挑高空间或中庭等不封闭的空间
床
LDK
书桌
儿童房
采用开放式布局，即使父母在LDK也能与孩子保持交流。
孩子的房间不采用封闭式布局，通过挑高空间或中庭可以看到LDK的情况，有安全感。

培养孩子独立性的环境

从孩子角度来看理想的家是什么样的呢？有设秋千或滑梯等注重局部的地方，也有建造挑高空间或中庭营造出空间感的地方。打造局部的想法虽然一时会很有效果，但是整体的空间考虑才会给孩子的成长带来影响。孩子的房间不采用封闭式布局，而是通过挑高空间或中庭连接LDK。家庭成员虽然相互分开但又保持联系的这种距离感，不仅对大人，对孩子来说也会有安全感，同时又可以营造培养孩子独立性的环境。

（根来）

在不同水平线的地板上看到的风景

东西两侧各错开半个台阶的楼梯和走廊，还有北侧穿过暗柱墙的2个大开口，通过这些改变地板高度分隔出来的共有空间，可以看到运河流淌。因为2个大开口部左右的墙壁，视野被断断续续地遮挡，家人早晚经过这个走廊和楼梯的时候，眼前的运河水面的色调及光辉会产生变化，就好像是在看慢镜头动作。外面的景色更是会随着季节、气候的不同产生惊人的变化。

（野口）

因为地板高度以及位置的不同，眺望到的风景会有惊人的变化

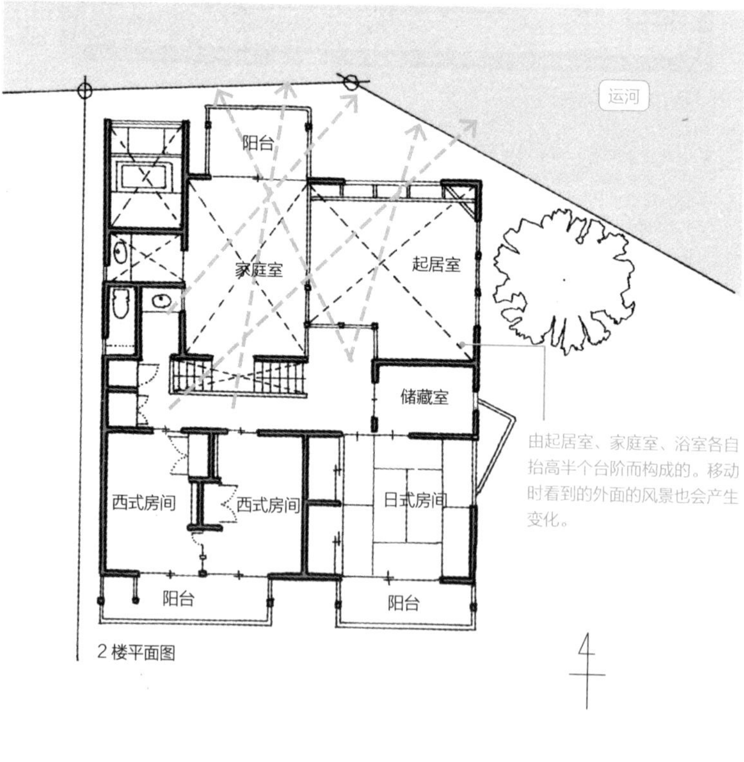

2楼平面图

能感受到与外部的联系的壁龛

壁龛既有视觉上的效果，又可以成为与阳台连接的空间。设置吸顶灯营造出别样的氛围，默默地装饰着日常生活。

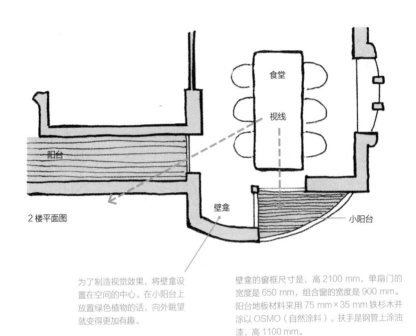

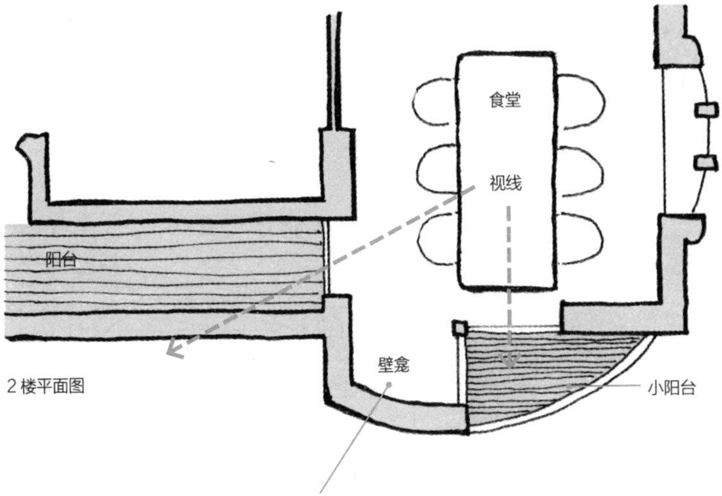

2 楼平面图

为了制造视觉效果，将壁龛设置在空间的中心。在小阳台上放置绿色植物的话，向外眺望就变得更加有趣。

壁龛的窗框尺寸是，高 2100 mm，单扇门的宽度是 650 mm，组合窗的宽度是 900 mm。阳台地板材料采用 75 mm×35 mm 铁杉木并涂以 OSMO（自然涂料）。扶手是钢管上涂油漆，高 1100 mm。

壁龛

在位于 2 楼的餐厅设置一处壁龛（凹进去的部分），同小阳台连接。吃饭的时候，这里好像是将外面景色切割下来的画框，同时使人的视线得以向外延伸，感觉上像是变成了小庭院，景色宜人，又具有连贯性。这个空间在功能上并没有特别的意义。但是，通过这小小的壁龛产生的影像，丰富了住户的生活，同时使人得到放松。

（宫野）

如果有了采光井，地下也可以成为舒适的空间

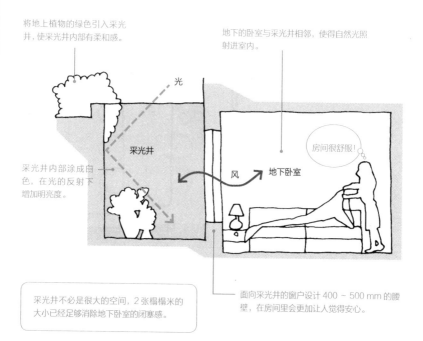

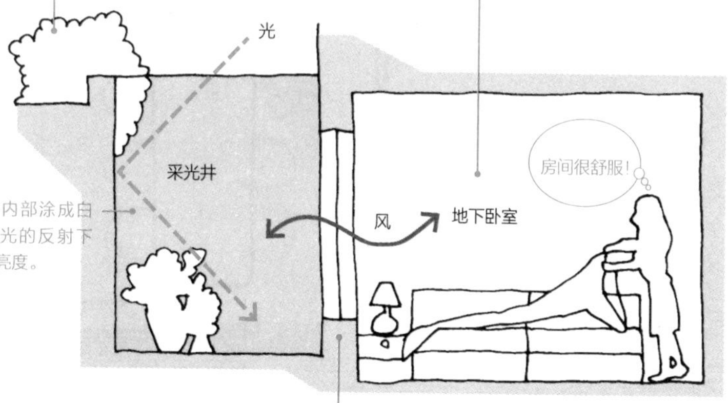
将地上植物的绿色引入采光井，使采光井内部有柔和感。
地下的卧室与采光井相邻，使得自然光照射进室内。
光
采光井
房间很舒服！
采光井内部涂成白色，在光的反射下增加明亮度。
风
地下卧室
采光井不必是很大的空间，2 张榻榻米的大小已经足够消除地下卧室的闭塞感。
面向采光井的窗户设计 400 ~ 500 mm 的腰壁，在房间里会更加让人觉得安心。

地下卧室的采光井

因为地板面积以及用地面积的关系，如果不设置地下卧室的话，有时候平面布局会容纳不下。但是，如果不解决采光、通风以及湿气的问题的话，这并不是一个适合人长时间居住的环境。另外，同外部没有联系的场所闭塞感太强。为了解决这些难题，必须建造采光井（井式空间），搭建居室和外部的联系。面对采光井设置窗户，通过搭建室内与室外的联系让人感受不到这是地下卧室。

（本间）

设有窗户的阁楼

阁楼很暗，夏天很闷热……可能很多人有这样的印象。但是，通过在阁楼上安装窗户，可以确保采光和通风，营造舒适的室内空间。因此屋顶必须进行隔热处理。本案例的住宅利用隔热性能好的材料进行二重隔热处理。另外，阁楼是家里最高的地方，通过设置窗户，可以让住宅保持空气流通。

（丹羽）

阁楼空间进行隔热处理是关键之处

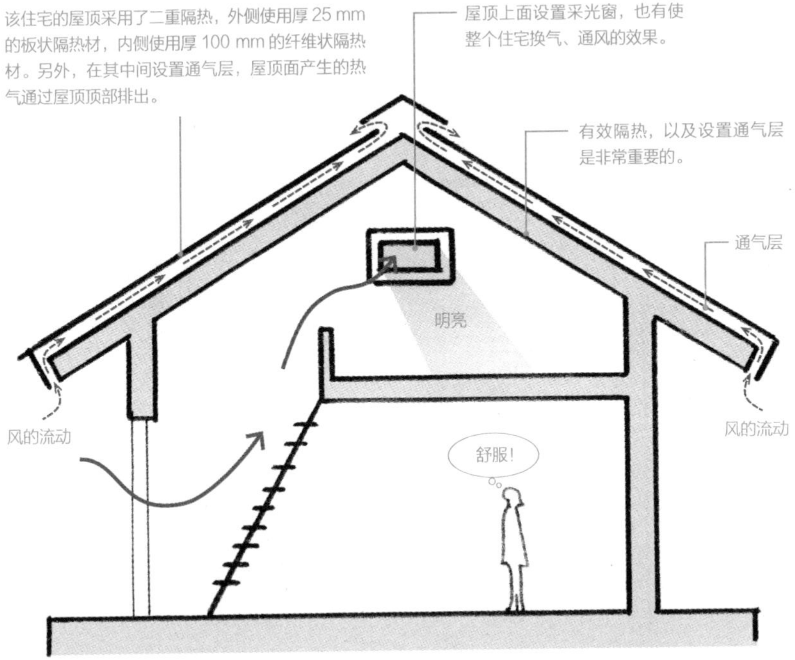

该住宅的屋顶采用了二重隔热，外侧使用厚 25 mm 的板状隔热材，内侧使用厚 100 mm 的纤维状隔热材。另外，在其中间设置通气层，屋顶面产生的热气通过屋顶顶部排出。
屋顶上面设置采光窗，也有使整个住宅换气、通风的效果。
有效隔热，以及设置通气层是非常重要的。
通气层
明亮
风的流动
风的流动
舒服！

2 杂物室的功能

将家务动线设计得流畅是基础，主要是为了减轻主妇的负担。厨房和杂物室相邻，可以用较短动线有效率地完成做饭、洗涤、晒衣服等活动。另外，不要忘记设置简易操作台，它可以作为食品库使用，也可以收纳洗涤剂、小物品、毛巾等，还可以在上面熨衣服。为了在天气不好的时候可以作为晾衣场所使用，将杂物室设计成既保护隐私，日照、通风又良好的空间。

（宫野）

杂物室的设计要考虑家务动线

在该操作台上可以熨衣服、叠衣服等。天气不好的时候可以作为晾衣场所使用。

采用“回游”型的布局。不设置终点，既可以提高效率又让人有安全感。

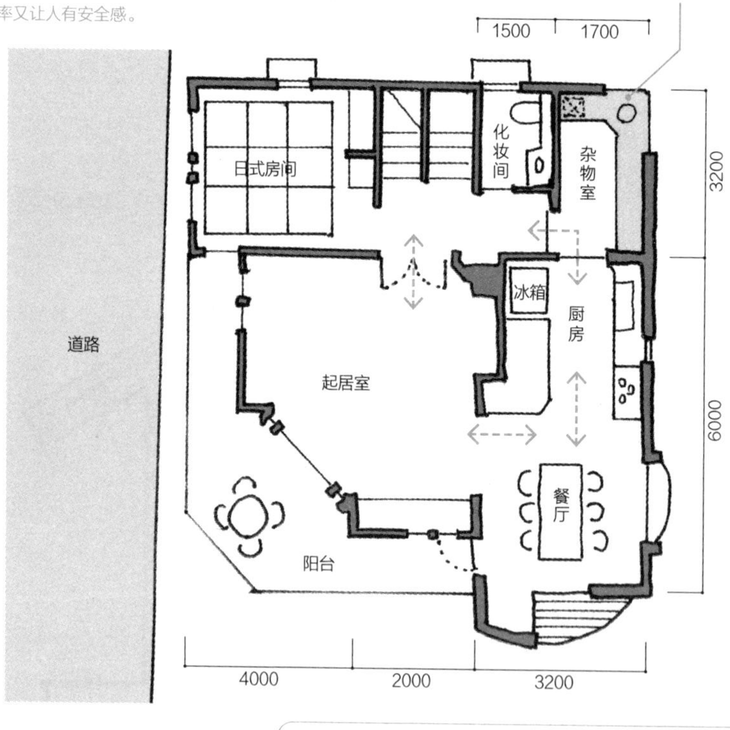

设计杂务室的时候，要考虑到洗涤、做饭以及倒垃圾等的家务动线，这是非常重要的。

在铺设榻榻米的地台上悠闲地度过时光

没有边框、尺寸为 910 mm×910 mm 的琉球榻榻米。地台的高度是 400 mm，当然也可以坐在上面。操作台的高度是距离地板 700 mm。厨房一侧的地板降低了 150 mm，这样操作台的高度就是 850 mm，不管作为餐桌还是作为料理台都有适宜的高度。

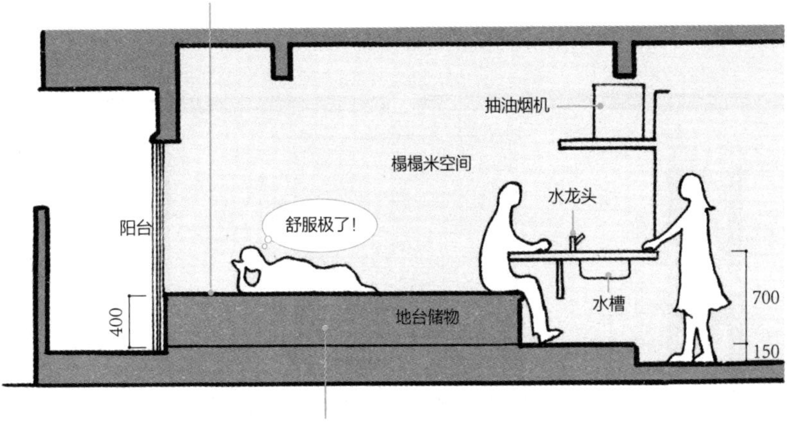

地台的下面可以储物。

地台式榻榻米空间

为了增加储物量，很多人钟情地台式榻榻米空间，不仅因其功能性，也是为了能更舒适地生活。比如在地台的对面设置厨房，可以加强家人之间的交流。不是料理台附着在厨房里，而是厨房附着在餐桌上，这样转变一下想法的话，也就不需要买昂贵的餐桌了。烧好菜后，直接摆在桌上，吃完后把碗筷往洗碗池一扔就躺在榻榻米上，可以体会一下懒洋洋的生活。

（根来）

实现家人梦想的梦幻的水池

水池（水庭）设定为深 20 ~ 100 mm。为了防水，混凝土提高 100 mm，窗框的下面设置防水板。初步装修是涂上灰浆后，再涂上溶剂系环氧树脂涂料、溶剂型丙烯酸聚氨酯涂料这两层涂料。

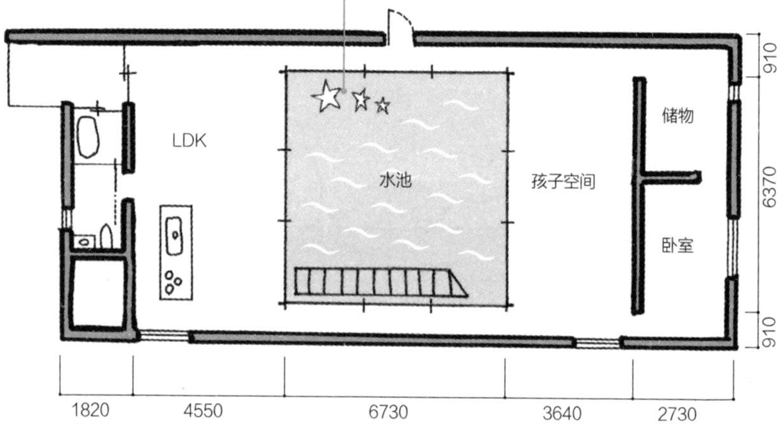

水池梦幻般的照明效果

在水池里放满水，夏天室内可以有凉爽的风，有孩子的家庭，这里刚好可以成为孩子玩耍的地方。而且，白天的蓝天和白云、晚上的月光和星光映照在水面上美不胜收。不仅如此，室内的灯光也会照射在水池和窗户上，闪闪发光，产生梦幻般的感觉。这个水池就是家人梦想的水庭。住户不需要担心水池的打扫，因为清扫水池可以成为家人重要的沟通手段。

（根来）

第3章

整理收纳

收纳很难成为室内设计的“主角”，但它却是决定家是否舒适的重要因素之一。

我们经常想，在合适的地方有大小合适的收纳场所就好了。在本章节，将一一为大家介绍在考虑住宅整体构造前提下的各种有效的、智能的，并且使整理本身成为一种乐趣的收纳方法。

我们执着于打造各种个性化的收纳空间。

（伊泽）

厨房收纳

有很多食材、调味料、餐具以及家电的厨房，除了追求设计感，还要更加具有功能性。不同住户使用的餐具和家电的数量和种类也不同。需要有食品库和垃圾放置处等多种类的收纳。家电类需要确认其大小以及必要的功能（除热、除热气等等），餐具也要区分平时用的和特别时候用的，收纳的场所和方法也由此改变。

在研究厨房收纳的时候，要重视各自不同的生活方式。

（宫野）

符合生活方式的收纳设计

展示收纳、功能性收纳等，与日常生活密切相关的餐具柜，需要仔细地设计。

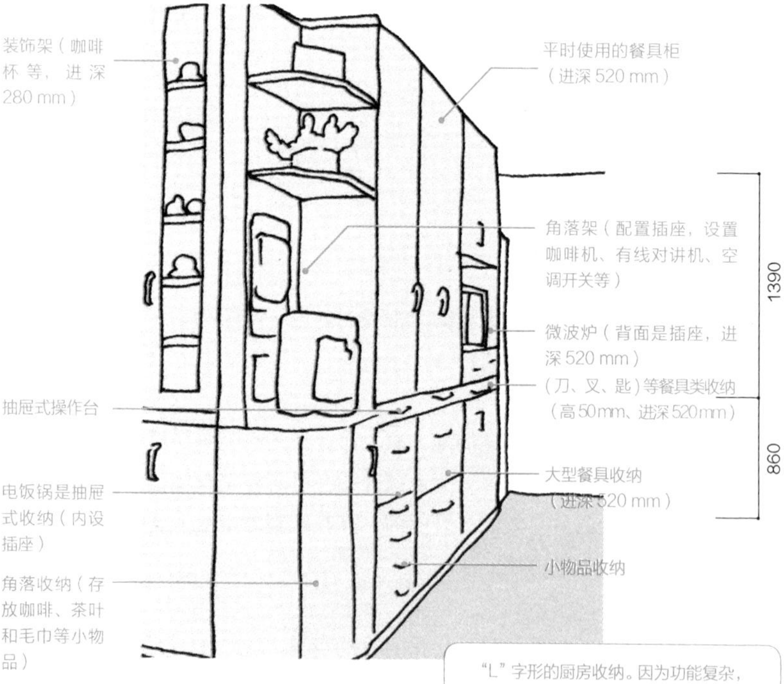
装饰架（咖啡杯等，进深280 mm）
平时使用的餐具柜（进深520 mm）
角落架（配置插座，设置咖啡机、有线对讲机、空调开关等）
1390
微波炉（背面是插座，进深520 mm）
（刀、叉、匙）等餐具类收纳（高50mm、进深520mm）
抽屉式操作台
860
大型餐具收纳（进深520 mm）
电饭锅是抽屉式收纳（内设插座）
小物品收纳
角落收纳（存放咖啡、茶叶和毛巾等小物品）

"L"字形的厨房收纳。因为功能复杂，所以颜色和拉手都采用简单的样式，营造整体上的统一感。

对于防油烟及灰尘，柜子很实用

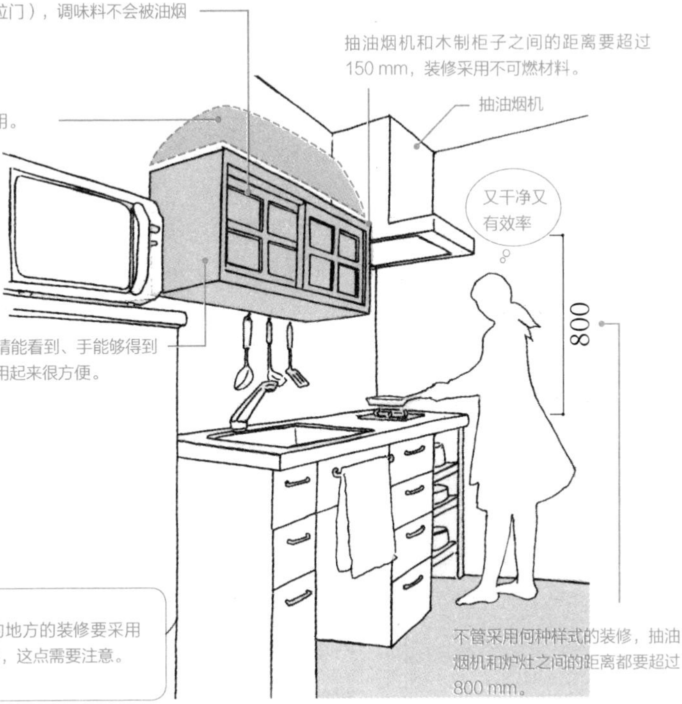
因为有门扇（拉门），调味料不会被油烟及灰尘弄脏。
抽油烟机和木制柜子之间的距离要超过150 mm，装修采用不可燃材料。
上面也可以使用。
抽油烟机
又干净又有效率
800
柜子设置在眼睛能看到、手能够得到的位置上，使用起来很方便。
靠近炉灶的地方的装修要采用不可燃材料，这点需要注意。
不管采用何种样式的装修，抽油烟机和炉灶之间的距离都要超过800 mm。

厨房的吊柜采用双槽推拉门

水槽上面的柜子会影响厨房的使用情况。特别是眼睛能看到、手能够得到的地方是重要的收纳空间。考虑到防油烟和灰尘，水槽上面的柜子最好安装门扇。这时候，采用拉门的话，开柜子的时候不用往后退，而且柜子开着也不影响使用。将做饭时要经常使用的东西放在这个柜子里，使用起来会很方便。如果高度合适，柜子的上面还可以当作敞开式柜子使用。特别是对于料理台不是很大的情况，这种设计会非常实用。

（伊泽）

收纳架的进深和隔层设计

如果有食品库或玄关收纳处的话，食品库和玄关即使很狭窄，也要避免杂乱无章，所以一定要好好设计。如果要建造收纳空间，为了有效使用其面积，需要研究架子的进深和分隔方法。架子的进深如果超过 300 mm 的话就太大了。如果将食品重叠摆放在架子里的话，因为不能全部看到，一不注意食品就会放过期。存放物品的高度差也要超过 5 mm，物品可以排成一列存放。架子的进深、适合存放物品高度的隔层要怎样设计等，是我们需要考虑的问题，最好将存放的物品列一个清单，再决定收纳场所的设计。

（菊池）

与存放物品相匹配的隔层设计

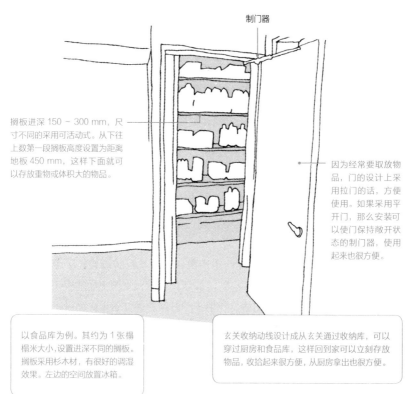

制门器
搁板进深 150 ~ 300 mm，尺寸不同的采用可活动式。从下往上数第一段搁板高度设置为距离地板 450 mm，这样下面就可以存放重物或体积大的物品。
因为经常要取放物品，门的设计上采用拉门的话，方便使用。如果采用平开门，那么安装可以使门保持敞开状态的制门器，使用起来也很方便。

以食品库为例。其约为 1 张榻榻米大小，设置进深不同的搁板。搁板采用杉木材，有很好的调湿效果。左边的空间放置冰箱。

玄关收纳动线设计成从玄关通过收纳库，可以穿过厨房和食品库，这样回到家可以立刻存放物品，收拾起来很方便，从厨房拿出也很方便。

有效利用成品的便利的菜刀放置处

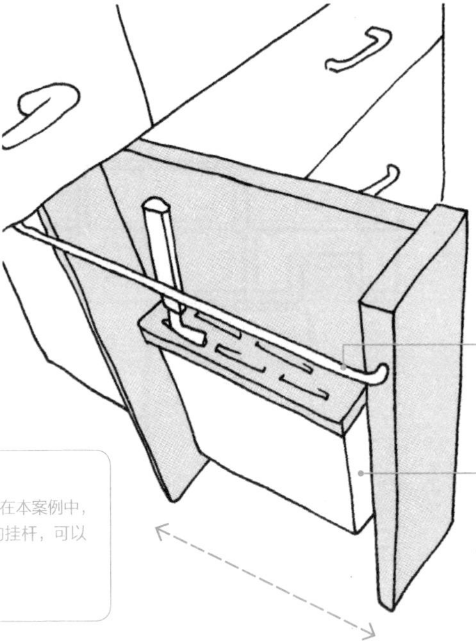

抽屉式菜刀放置处。在本案例中，还安装了挂擦碗布的挂杆，可以收纳5把菜刀。

厨房的菜刀放置处

大多数厨房的操作台和水槽都不是成品，而是作为家具建造而成，如何放置菜刀成为难题。因此，在水槽下面的一侧打造敞开式的纵向的抽屉，在这里安装成品菜刀插槽。因为其是纵向的，所以即使拉出来也不会妨碍脚下走动，将菜刀存放在里面，小孩子也没办法随意触碰。另外还有一个优点，因为通风良好，所以即使将湿着的菜刀放进去，其也会很快变干。

（松原）

不会直接看到打扫用具的厕所收纳

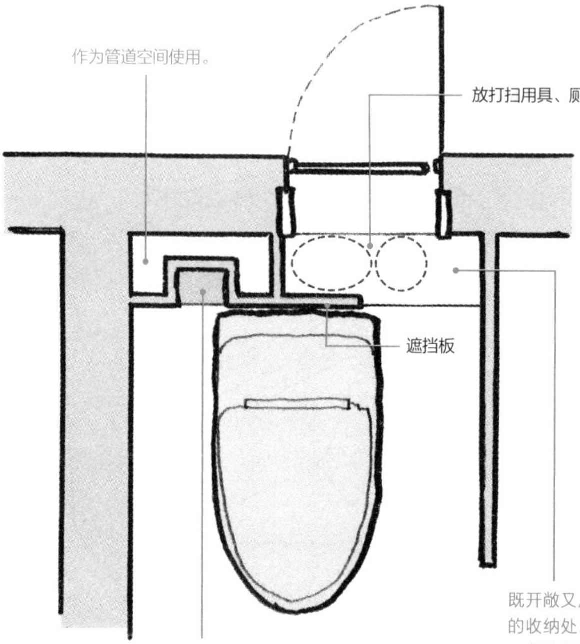
作为管道空间使用。
放打扫用具、厕纸
遮挡板
既开敞又从正面看不到的收纳处。而且重要的一点是拿取物品很方便。
这里的空间可以设置设有装饰架的壁龛。

厕所收纳

即使厕纸和打扫用具放在厕所里面，也要设法使其不被直接看到。通常在 1 张榻榻米大小的空间放置坐便器的话，纵向上还有空余空间。虽然坐便器的背后部分很难用来收纳东西，但是可将一半的墙壁用护墙板遮挡住，将东西存放在里面，并且从侧面可以取放，那么就达到既方便拿取又从正面看不到的效果了。另外还有一个优点是，左侧可以作为管道空间，收纳处没有门扇，使得空气流通，打扫用具容易变干。

（松原）

“专业使用的壁橱”

有时候为了从壁橱中拿出叠放在最下面的被褥，不得不将所有被褥都拿出来。为了避免出现这种情况，不将壁橱的层数设计成 2 层，而是根据用途不同设计成多层式。在多层式的壁橱中，最下面的被褥也可以轻松地拿出来，所以可以使被褥保持松软状。这个方法是在为经营被褥店的住户改建房子时学到的，即“专业使用的壁橱”。层数可以按照家庭成员人数来分，大家可以在自己专用的一层存取被褥。

（丹羽）

壁橱的层数是没有硬性规定的

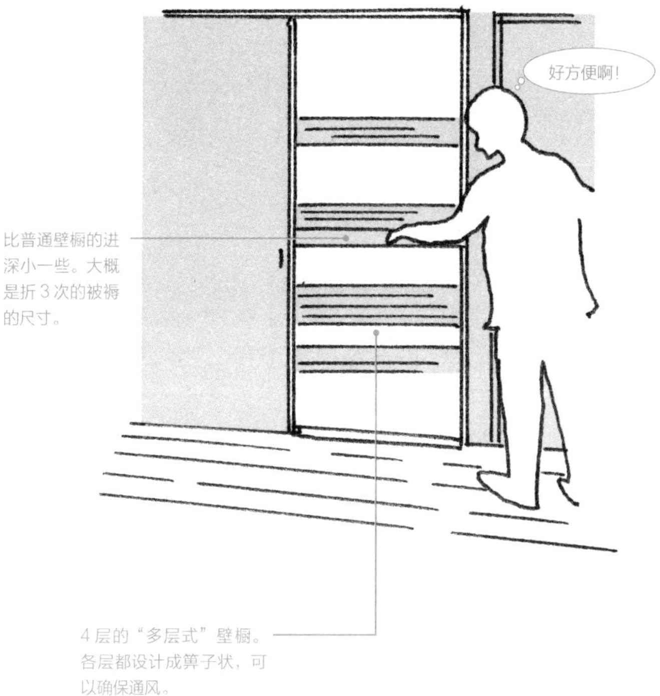
好方便啊！
比普通壁橱的进深小一些。大概是折 3 次的被褥的尺寸。
4 层的“多层式”壁橱。各层都设计成箅子状，可以确保通风。

实用收纳处的大小

收纳家庭成员每人大约 12 双的鞋子，需要制作可以尽可能多地排列鞋子的架子。为了尽量使鞋子保持干燥，不使用鞋柜，而采用收纳库，使鞋子都露出来。若在楼梯下设置收纳库的话，可以存放伞和外套等，非常方便。还有其他收纳用途的衣饰间，要留出可以走动的空间。准备好存放衣物的搁板和不锈钢挂杆，长的放在 1 层，短的放在上下 2 层。衣饰间里，将放置冬天被褥的壁橱设置成箅子状。如果担心衣服沾上灰尘或褪色，可以通过带有湿度感知功能的换气扇进行机械换气。

（田中）

如果是同一种类，也可以采用展示收纳

衣饰间里有衣服、毛巾、旧报纸、吸尘器、洋娃娃、风扇等。重点是要考虑种类、位置和大小，想好哪些东西要放在哪里。

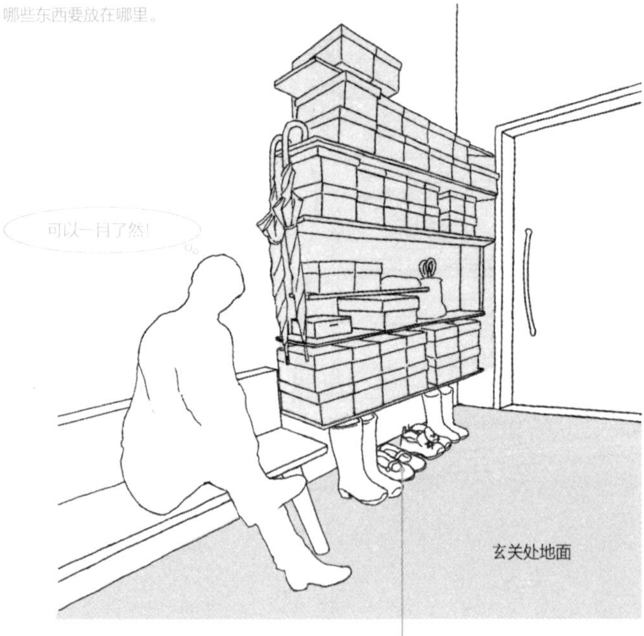

如果是同一种类，那展示出来也不错。特别是鞋子，摆在外面不容易发霉，而且方便管理。

对不擅长收纳的人，建议采用墙面收纳

本案例介绍的是门连接地板和天花板、长约 7 m 的高收纳力的墙面收纳。在考虑采用衣饰间之前，不如研究一下墙面收纳，只要打开门就可以清楚地看到内部的收纳情况，而且方便整理收拾。

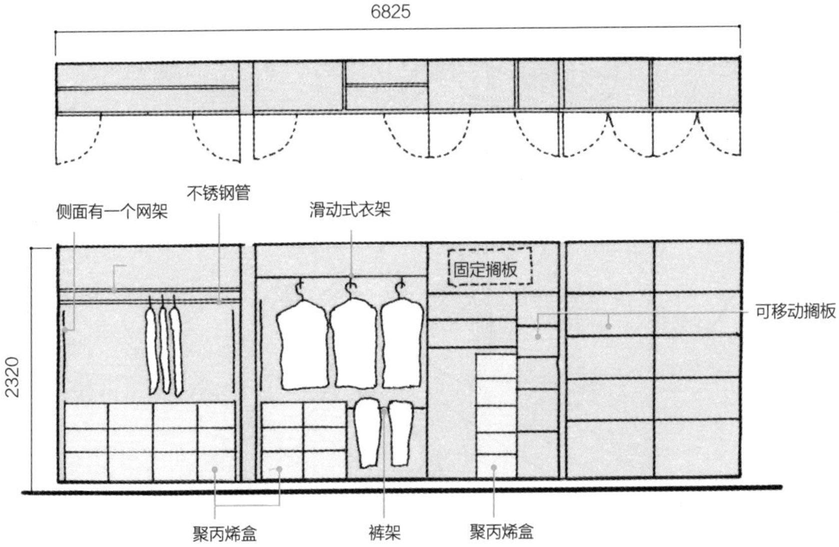

收纳量很大的墙面收纳

衣饰间似乎很受欢迎。但是对住在小户型住宅不擅长收纳的人来说，采用墙面收纳是更好的选择。衣饰间人可以进去，那么就必须要有通道空间，有一部分面积就要浪费了。虽然可以通过细致的收纳计划对衣饰间进行改良，但是只要有空荡荡的空间存在，就很难很好地整理收拾，再说很少有人在建造前就研究收纳计划。就这点来说，只要打开墙面收纳的门，内部情况便一览无余，建造后也可以制订实用的收纳计划。

（根来）

让人想要去装饰的结构

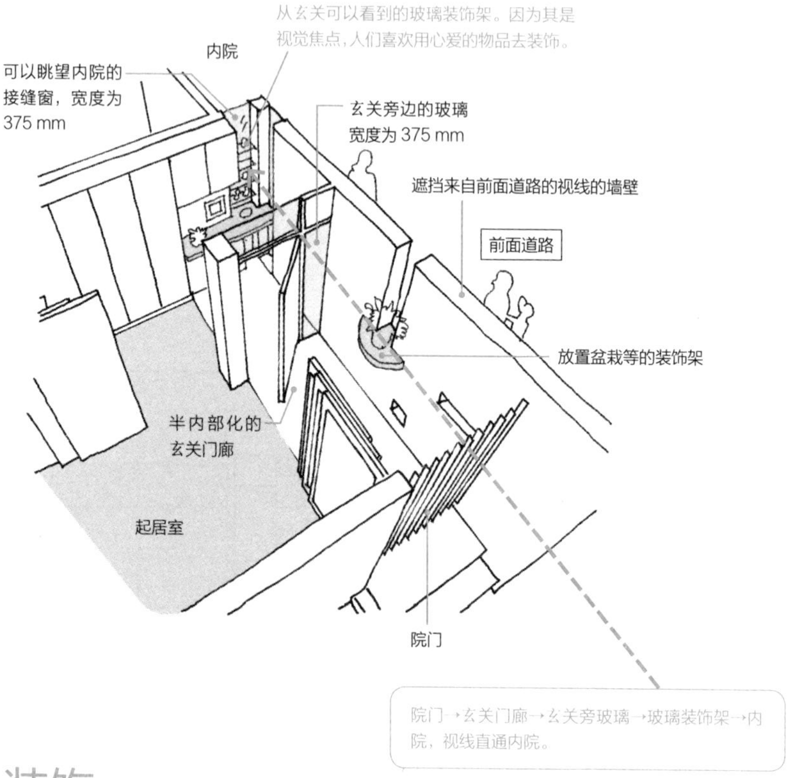
从玄关可以看到的玻璃装饰架。因为其是视觉焦点，人们喜欢用心爱的物品去装饰。
内院
可以眺望内院的接缝窗，宽度为375 mm
玄关旁边的玻璃宽度为375 mm
遮挡来自前面道路的视线的墙壁
前面道路
放置盆栽等的装饰架
半内部化的玄关门廊
起居室
院门
院门→玄关门廊→玄关旁玻璃→玻璃装饰架→内院，视线直通内院。

装饰

如果住户有装饰房子的兴趣的话，会使日常生活变得多姿多彩和富有情趣。旅游买回来的纪念品、基于兴趣创作的作品、孩子的手工品等，如果家里有地方可以拿这些东西来装饰，可以记录一家人的生活点滴（记忆），可以长长久久地留在心里。在家人每天使用的玄关和起居室周围，准备一个让人想要去装饰的地方，去引导住户产生“想要装饰”的心情。

在这个住宅采用的结构是，通过院门后，从半内部化的玄关门廊可以看到玻璃装饰架，进入玄关后，装饰架的后方和侧面都有自然光照射，让人不自觉地就将视线移向装饰架。

（白崎）

网格状书架

对于爱好读书的家庭，在半地下的图书室建造大书架。因为家庭成员会收藏不同种类的书，所以书的颜色和大小各有不同。因此，书很容易使室内显得杂乱无章。

因此，设计整齐的网格状书架会使空间显得整洁有序。为了强调网格感，纵横的板要稍厚，大约 30 mm。这样制作好的家具在不经意间强调了存在感的同时，又成为了环境的背景。

（村田）

高至天花板的网格状书架成为室内空间的中心

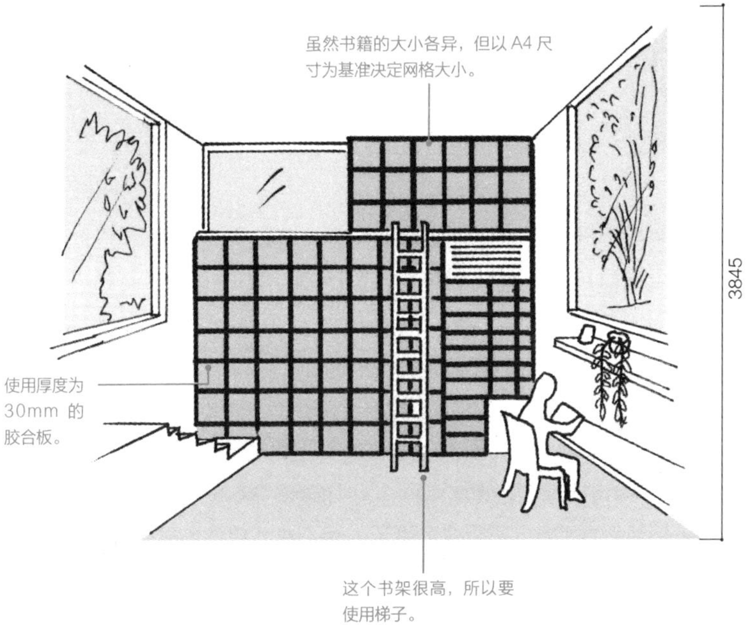

虽然书籍的大小各异，但以 A4 尺寸为基准决定网格大小。
3845
使用厚度为30mm 的胶合板。
这个书架很高，所以要使用梯子。

为无处放置的雨伞制造“住处”

在玄关门廊的墙壁上设置长 600 mm、直径 34 mm 的镀锌钢管。其不仅可以作为伞挂，还可以用来收纳报纸。

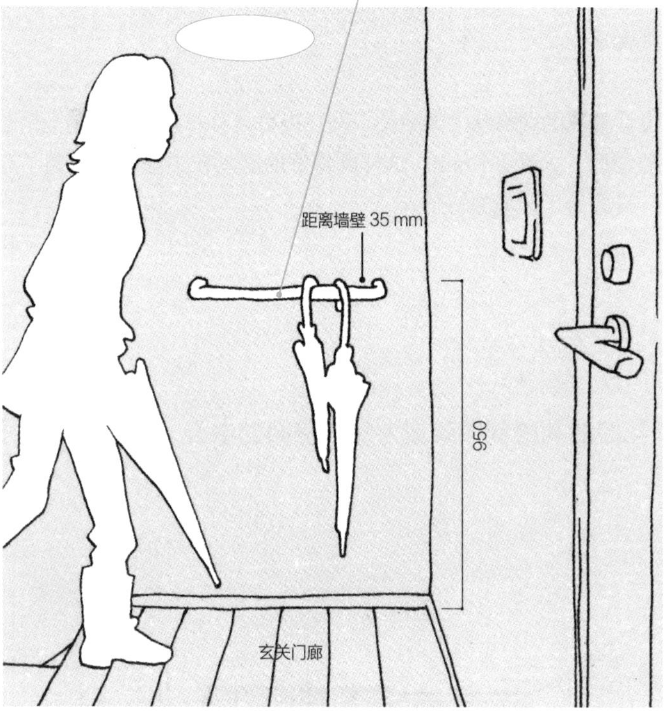

伞挂

很多人对下雨天回到家时没地方放置雨伞感到很困扰吧。因此，有人会在玄关内放置成品的立伞架。但是使用立伞架的话，雨伞还没干就放进去会紧贴在一起，容易造成发臭、发霉以及变色等。因此，预先在玄关门廊设置伞挂。用这个不仅可以很轻松地将伞挂上去，而且在雨伞使用频繁的梅雨季，也免去了存取雨伞的烦琐。采用这个设计的话，在不需要雨伞的时段，可以忽略它的存在。

（杉浦）

第4章

对材料和设备的执着

设备和照明灯具的商品目录每年都会更新，添加节能、安全性、新功能等。但是，对设备的执着并不在于清单的更新上。

在什么地方照射什么光，什么样的装修会使人感到舒适，在什么地方使用什么样的设备会更便利等，并不是什么特别的事情。重要的东西往往都是非常普通简单的。

虽然通过文字和图片可能很难表达，但是这份执着是可以提高生活品质的。

（伊泽）

对起居室照明进行调节

针对起居室的整体照明，采用可以调节亮度的“调光开关”。即使在采光很好的起居室，如果天气不好也可能需要照明，另外，在白天和夜晚令人感到舒适的亮度是不同的。比如，在人们聚集或工作的时候适当提高亮度，在看电影的时候适当降低亮度等，生活场景不同需要的亮度也不同。另外，即使不使用照明灯具，也可以通过窗帘和隔扇的开闭改变亮度。

（伊泽）

不仅仅是“只要明亮就够了”

将墙壁和天花板的颜色涂成白色的话，会反射灯光，使房间整体上变亮。当窗帘和隔扇都关闭的时候，空间因反射很多光而变得明亮。
柔和、有气氛的亮度
不采用整体照明，根据需要使用落地灯和壁灯的组合也很有趣。
调光开关

经常听到有人说“喜欢明亮的空间”，但亮度是要讲究与暗处的对比的。实际上夜晚的照明稍微暗一点可以使人感到平静。

不依赖顶灯（天花板照明）

取消顶灯的话，可以避免不必要的照明，达到节能效果。

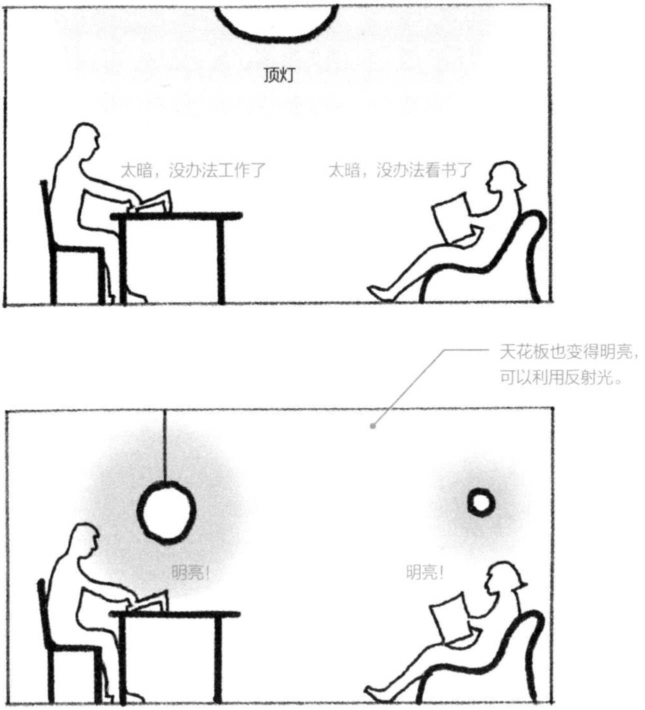

照明的安装位置

我们通常会将照明灯具安装在房屋中央。特别是在日本，很多家庭使用安装在天花板的吸顶灯，这就造成人们在沙发上看书，或在桌前工作时感到“我们家怎么这么暗”。如上图所示，吸顶灯只是进行整体照明，而常常最亮的地方却没人在。因此，房间给人的整体印象就变暗了。所以将照明灯具分散安装在人常待的位置、使墙壁和天花板变亮的位置，从而营造柔和的反射光照明，不照射不必要的地方，达到节能效果。

（丹羽）

玄关下方的间接照明

近几年，从无障碍观点出发，横框高度有降低的趋势。但是自古以来日本住宅的三合土地面和横框之间的高度都设定得很高。这与主人端坐着与客人寒暄的习俗有关系。因此，即使在现代，玄关的装修也非常讲究。

抬高后的横框下面可以放置脱下来的鞋子，使三合土地面空间变得整洁。另外装入间接照明后，不仅使氛围变好，而且因为照亮了脚下，提高了安全性。

（根来）

通过玄关横框下面的间接照明照亮脚下

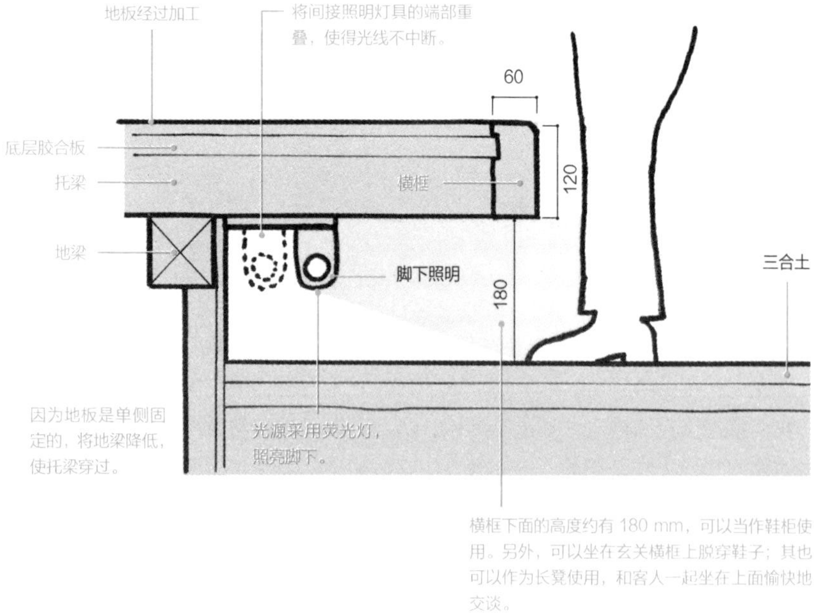
地板经过加工
将间接照明灯具的端部重叠，使得光线不中断。
60
底层胶合板
托梁
横框
120
地梁
脚下照明
180
三合土
因为地板是单侧固定的，将地梁降低，使托梁穿过。
光源采用荧光灯，照亮脚下。
横框下面的高度约有 180 mm，可以当作鞋柜使用。另外，可以坐在玄关横框上脱穿鞋子；其也可以作为长凳使用，和客人一起坐在上面愉快地交谈。

镜子的安装位置以及不在脸上造成阴影的照明是关键之处

为了避免照镜子的时候脸上出现阴影，灯光从脸部正方向照射会比较好。此案例为两个点光源，为了不造成阴影，线光源会更合适，这也可以成为两侧的线光源，也就是类似后台照明。在住宅里不用做到这个程度，安装两个电灯泡或荧光灯即可。

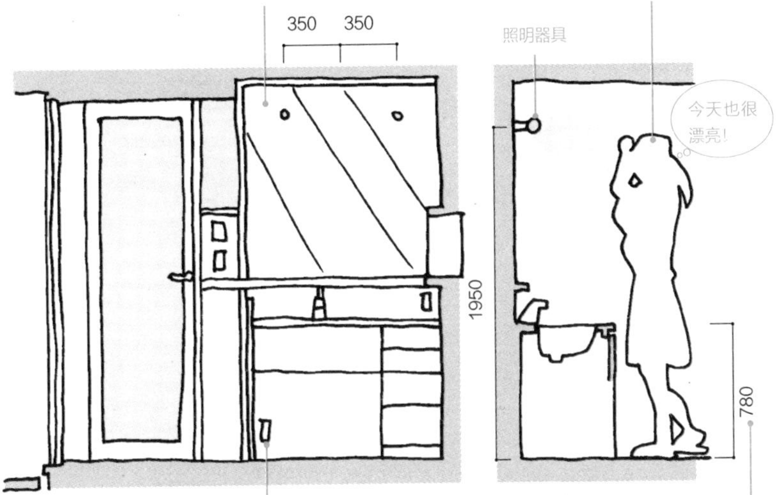

采用大镜子是为了使盥洗室看起来比实际面积大。
350
350
1950
洗漱台的下面安装预备插座。
站在洗漱台镜子前，光从正面照射，能看到面部细微处。
照明器具
今天也很漂亮！
780
因为是每天使用的场所，洗漱台高度的设定很重要。虽然跟家人的身高有关，但是一般距离地板 780 mm 的高度最合适。

盥洗室的镜子和照明的位置

家里都会有很多镜子。可将镜子拿到明亮的地方使用，但是对于固定在建筑物里的镜子，如果不考虑好与光（自然光、照明）的关系的话，有可能变得很不好用。最常使用固定镜的就是盥洗室还有化妆间吧。像这样，盥洗室的镜子用来观察脸。为了清楚地看到面部，照明的位置十分重要。照明灯具必须安装在不会在脸上造成阴影的位置。

（本间）

选择不太高调的照明灯具

想要提高亮度的话，将几个小照明灯具汇集起来使用就可以了。

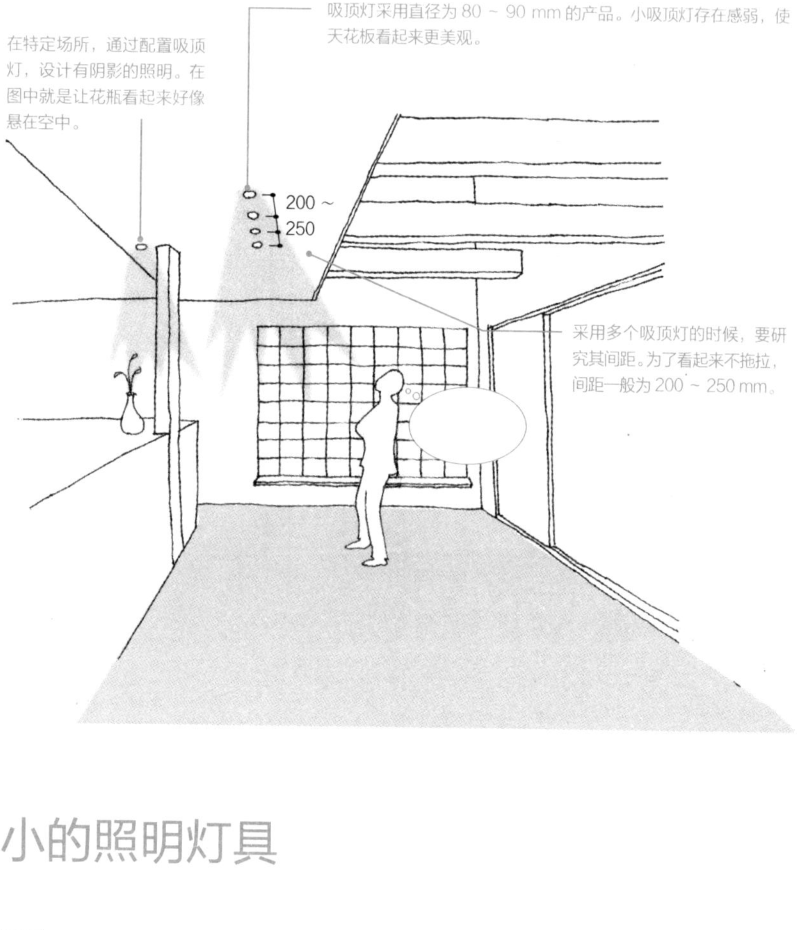
吸顶灯采用直径为 80 ~ 90 mm 的产品。小吸顶灯存在感弱，使天花板看起来更美观。
在特定场所，通过配置吸顶灯，设计有阴影的照明。在图中就是让花瓶看起来好像悬在空中。
200 ~
250
采用多个吸顶灯的时候，要研究其间距。为了看起来不拖拉，间距一般为 200 ~ 250 mm。

小的照明灯具

设计照明灯具时最重要的就是灯具的尺寸。特别是选择吸顶灯的时候尽量选择小的照明灯具。在天花板面积狭窄的走廊或厕所，采用大的吸顶灯太过高调反而产生压迫感。但是，很多小的照明灯具的发光强度很弱，因此在天花板面积大的起居室，可以将几个小照明灯具一起配置使用，从而确保照明亮度。我非常重视通过小照明灯具使天花板看起来更美观。

（石黑）

缓和玄关的台阶差

长期以来优良住宅的地基越来越高，这是一件好事，也使得外部通道需要更高的台阶差。地基和地面的节点也需要下功夫防备漏雨。其解决方法是，从玄关登上门厅时，不采用 1 级台阶而是通过 2 级台阶登上去。部分位置也可以保留 1 级台阶的台阶差，以留出可以坐下来穿鞋子的地方。总台阶差是 330 mm，采用 2 级高度为 165 mm 的台阶板。没特别原因都应遵守这个尺寸。

（松泽）

使用台阶板缓和台阶差，轻松上玄关

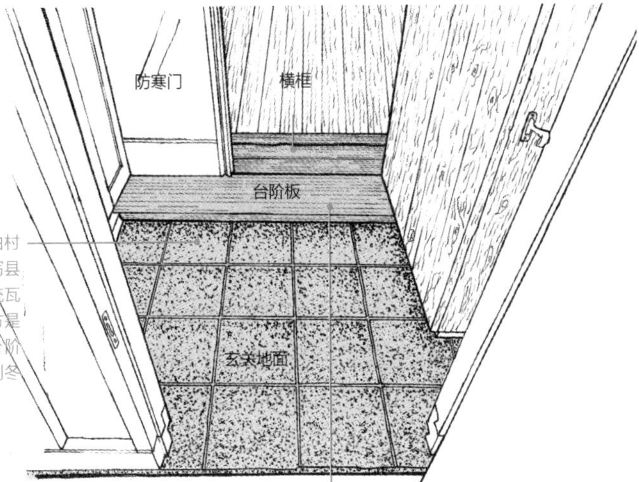

地面采用的地砖是由村秀鬼瓦工房使用新泻县阿贺野市生产的传统瓦制作而成的。它前方是天然木材制成的台阶板，另外还可以看到冬天防寒的门。

剖面图

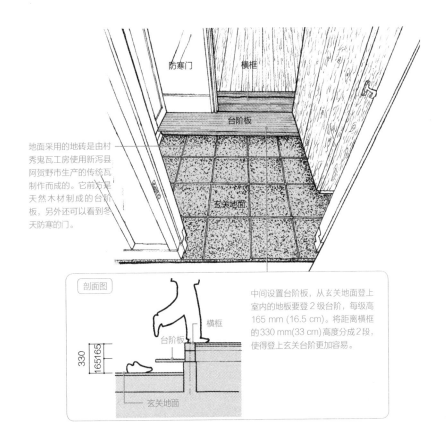

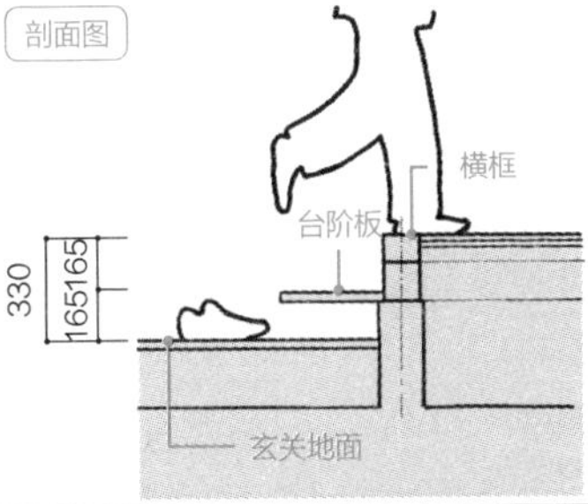

中间设置台阶板，从玄关地面登上室内的地板要登 2 级台阶，每级高 165 mm (16.5 cm)。将距离横框的330 mm(33 cm)高度分成2段，使得登上玄关台阶更加容易。

厚 30 mm 的杉木板

说到天然木材的优点，一定是赤脚走在上面的感觉。特别是杉树等针叶树制作而成的木材非常柔和、舒适。一般天然木材的厚度通常是 12 ~ 15 mm，而针叶树中的杉树品种丰富，30 mm 厚度的杉木材也比较容易得到。厚度有 30 mm 的话，不容易弯曲，接缝比较平坦，而且可以抑制振动。

产地不同，杉树的外观也不同，有的有很多木节，有的是红色的，所以挑选也是一种乐趣。

（伊泽）

感觉上可以区分木板厚度的不同

铺在地上后，厚 30 mm 的木板和普通厚度的木板外观上没有什么不同，但是让人不可思议的是，人的感觉可以区分厚度和质感的不同。另外，厚 30 mm 的杉木材非常坚固，可以当作楼梯的踏板和搁板使用。

杉木的质泽清淡，所以很容易有污点或瑕疵，但是这也是其呈现不同外观的魅力之一。就让我们大方地对待吧。粘在杉木地板上的碱性黑污点可以用醋去掉，对于小瑕疵，可以将抹布铺在凹坑上，再用熨斗熨，可以适当修复。

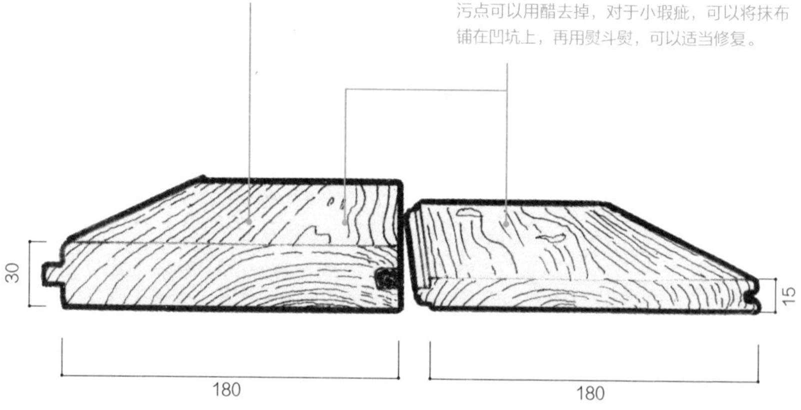

水刷石装修不会出现一模一样的外观

水刷石是将石子露出表面的一种装修方法。曲面或凹凸部分等都可以连在一起装修。

水刷石工艺

将混有装饰石的水泥浆抹在建筑物上，成形。半凝固后，用喷雾器将表面的水泥浆冲掉，用海绵擦拭，使石子外露。

水刷石装修的石头

在浴室的淋浴处、玄关、通道等可能会被水淋到的地方，进行水泥装修的一种——“水刷石装修”的话，会非常有趣。由于石头大小、石头颜色、水泥颜色等的不同，最后完成的外观也不同。在玄关处，涂上白色水泥和灰浆，再放入约 6 mm 的不同颜色的石子。另外，埋入玻璃，或使用比周围稍大的石子设计花样等，可以形成各种各样的外观，这就是水刷石装修的魅力。首先要制作水刷石装修样本进行确认。

（伊泽）

使用镀铝锌钢板可以免维修

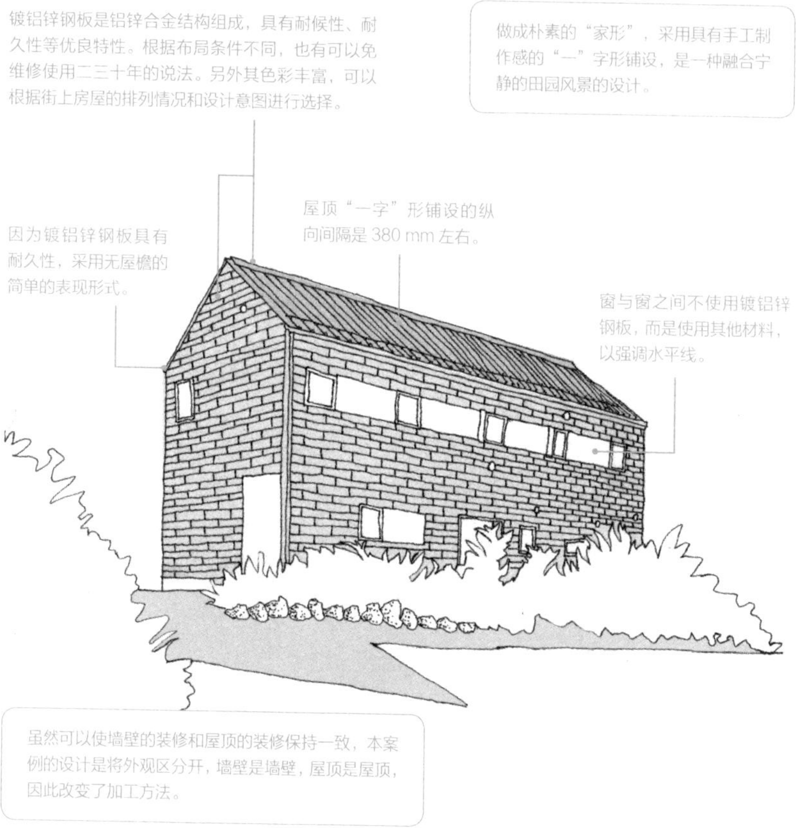
镀铝锌钢板是铝锌合金结构组成，具有耐候性、耐久性等优良特性。根据布局条件不同，也有可以免维修使用二三十年的说法。另外其色彩丰富，可以根据街上房屋的排列情况和设计意图进行选择。
做成朴素的“家形”，采用具有手工制作感的“一”字形铺设，是一种融合宁静的田园风景的设计。
屋顶“一字”形铺设的纵向间隔是 380 mm 左右。
因为镀铝锌钢板具有耐久性，采用无屋檐的简单的表现形式。
窗与窗之间不使用镀铝锌钢板，而是使用其他材料，以强调水平线。
虽然可以使墙壁的装修和屋顶的装修保持一致，本案例的设计是将外观区分开，墙壁是墙壁，屋顶是屋顶，因此改变了加工方法。

镀铝锌钢板

工业感很强的镀铝锌钢板通常使用于仓库和工厂。因此，在设计住宅的时候，要配合家的个性选择不同类型的钢板，有工业感外观的方形波纹板或圆形波纹板，也有看起来稍微纤细清晰的拱肩板等。

另外，充分利用镀铝锌钢板特有的强耐久性，在装修屋顶时，采用“一”字形铺设或横向铺设，营造手工制造的感觉。即使采用一种材料，通过竖向铺设或横向铺设等，可以非常有趣地呈现不同的外观。

（石黑）

黄铜板制的玄关框

玄关的设计，比起进深，确保宽度的话使用起来更方便。回家时可以放置行李，也可以整齐摆放家人和客人的鞋子。在狭窄的玄关，很容易会踩到别人的鞋子。因此将框设计成圆弧状，既营造出进深感，又可获得些许宽度，也使空间变得更柔和。如果采用木制曲线框，价格会很高，但是使用金属板，施工会比较容易。金属中也有让人感到温暖的铜或黄铜，本次采用黄铜。除了金属，也可以使用 6 ～ 7 mm 厚的水曲柳薄板。

（仓岛）

用圆弧状的框使门口看起来更宽敞

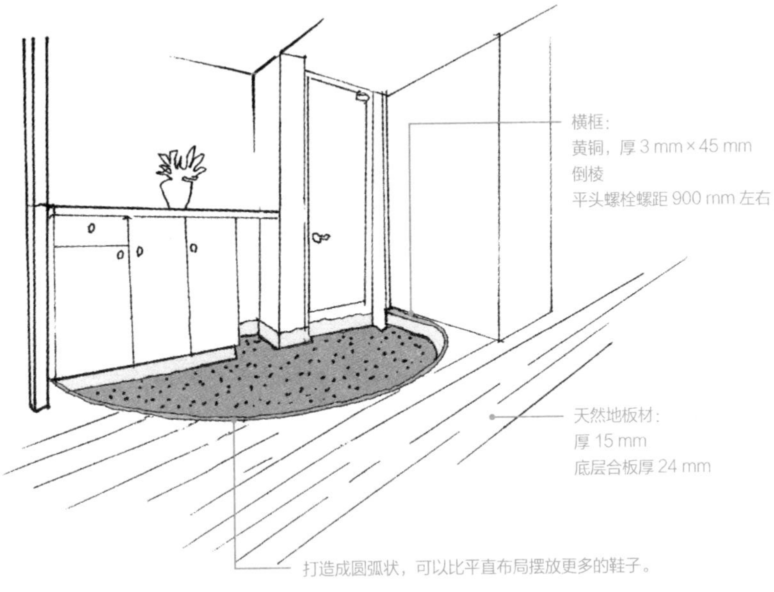

横框：
黄铜，厚 3 mm × 45 mm
倒棱
平头螺栓螺距 900 mm 左右
天然地板材：
厚 15 mm
底层合板厚 24 mm
打造成圆弧状，可以比平直布局摆放更多的鞋子。

PVC 地板材的应用

PVC 地板材是一种天然的聚氯乙烯树脂地板材。与一般被称为弹性地板的地板材使用方法一样。弹性地板是以发泡聚氯乙烯树脂为基础，再在上面展现各种花样。因为是发泡材，所以弹性很好，但是如果有刮伤的话，表面很容易卷翘，使内部的海绵状基材露出来。从这点来讲，PVC 地板材因为是天然的聚氯乙烯树脂薄板，弹性比较差，但是如果有伤痕，可以刮掉，并且具有耐酸碱等耐腐蚀性，是一种可以长久使用的材料。

（仓岛）

具有耐腐蚀性的树脂地板

因为有耐腐蚀性，在住宅中，可以使用在厕所、厨房、盥洗室等。不会像弹性地板一样表面脏了或有刮伤就会显得破旧。因为是天然的聚氯乙烯树脂材料，所以具有很强的耐久性，实际上使用 30 年以上都没有问题。

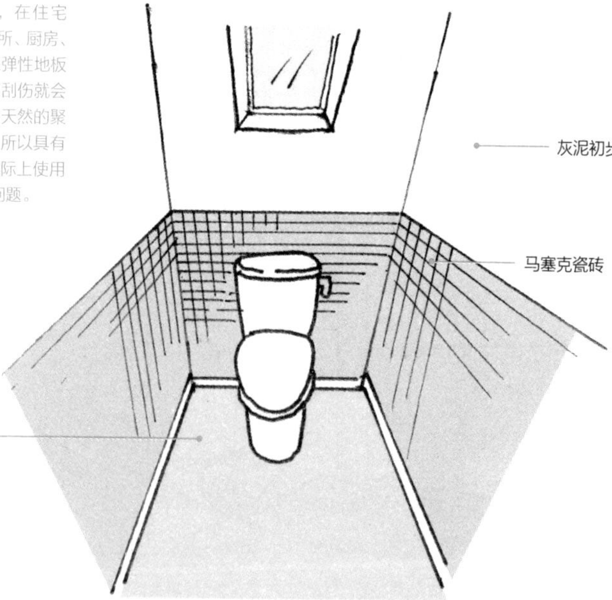

有石纹或木纹质感的地板近年开始畅销，但是使用没有花纹的天然聚氯乙烯树脂材料也不错。

将不同尺寸的瓷砖随意铺贴，营造手工制作感

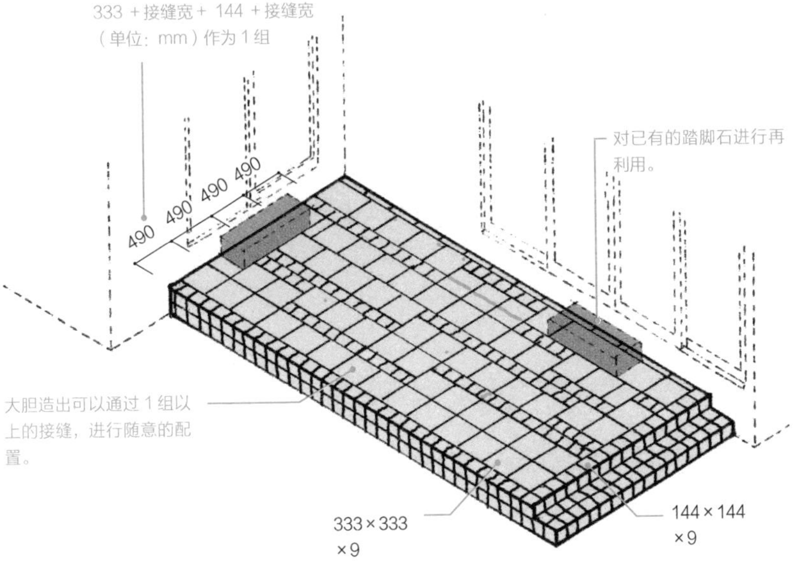

333 +接缝宽+ 144 +接缝宽
（单位：mm）作为 1 组
490
490
490
490
对已有的踏脚石进行再利用。
大胆造出可以通过 1 组以上的接缝，进行随意的配置。
333×333
×9
144×144
×9

本例使用 144 mm 方形、333 mm 方形两种。这里，将 333 +接缝宽+ 144 +接缝宽（单位：mm）作为 1 组，呈带状铺设，看起来像随意铺贴的花样。

瓷砖的分割设计

瓷砖是工业品，如果想要营造手工制作感，不要采用像围棋格子一样的铺贴方法，而是采用花样铺贴。这时候，如果不事先将接缝用单线描绘出来，并指定切割物（现场需切割的瓷砖）的话，工人就会凭感觉进行铺贴。如果将接缝宽度、切割物的尺寸画成图纸交给工人，他们会感到你确实下功夫了，那么一定可以铺贴出手工制作感。

在这里，采用尺寸不同的两种瓷砖，既便于在现场分割，而且可形成有随意感的花样铺贴。

（白崎）

4 马塞克瓷砖

马塞克瓷砖是可以铺贴在面积小的地方、维护也很方便的装修材料。色泽丰富，所以挑选也是一种乐趣，材质除了玻璃，还有陶器、大理石等，可以选择自己喜欢的质感。

在“想要改变室内的颜色，但是没有勇气改变墙壁和天花板的颜色……”的时候，马塞克瓷砖可以在用水场所等小空间里发挥作用。大小一般为 10 mm 方形、25 mm 方形、50 mm 方形等，除了正方形以外，还有长方形、圆形、龟甲形等多种类型。

（丹羽）

用各种各样的形状和颜色点缀小空间

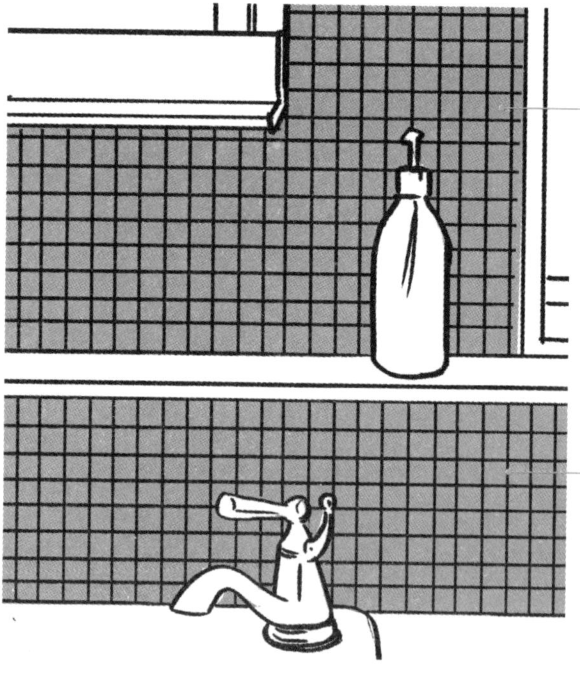

马塞克瓷砖适用于盥洗室等用水场所的墙壁装修。另外可以通过组合不同的颜色形成丰富多彩的个性的外观。

接缝宽为 2 ~ 5 mm，颜色有白色、灰色、茶色等，也有耐脏和防霉的接缝材，可以配合使用场所进行选择。

让内部和外部的装修相关联，营造整体感

内外屋顶构造以及胶合板的装饰桁条是连续的。
屋顶和墙壁的三角部分采用玻璃，强调内外是连续的。在内部可以欣赏太阳和云等自然风光。

内部与外部的整体感

在我的设计中，虽然根据地域不同也会变化，但我一直留心建造斜面屋顶，让屋檐尽可能多地露出。因为我认为这是跟日本的气候风土相适应的。通过将向外延伸的屋顶和室内天花板的形状统一起来，使内外连续，让人感受到空间的宽敞感。本案例是一位陶艺家的工作室，室内外都采用桁条上设置胶合板的方法，另外在屋顶和墙壁之间的三角部分镶嵌玻璃，提升了内外的整体感。

（山本）

旧的门窗隔扇和壁龛立柱的再利用

年久的柱和梁，现在已经很难制作的精致的隔扇和楣窗等，从这些旧物中发现新价值是非常有趣的。正因为用惯了几十年才更有韵味和深度，使用这些可以给住户带来轻松自在和平和的感觉。图示住宅是由古屋改造而来。保留柱和梁，再进行抗震强化，改造成两代人居住的住宅。根据住户想要将以前家的记忆传承给下一代的愿望，对格子门窗、隔扇、楣窗、壁龛立柱等进行再利用。

（吉原）

最大限度地唤醒旧家的记忆

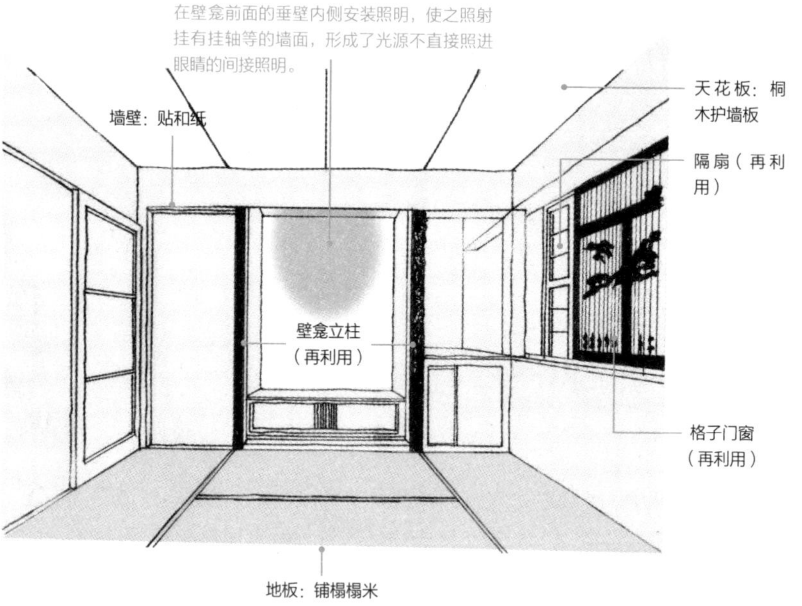
在壁龛前面的垂壁内侧安装照明，使之照射挂有挂轴等的墙面，形成了光源不直接照进眼睛的间接照明。
墙壁：贴和纸
天花板：桐木护墙板
隔扇（再利用）
壁龛立柱（再利用）
格子门窗（再利用）
地板：铺榻榻米

通过对已有住宅中的格子门窗、隔扇、楣窗、壁龛立柱等的再利用，营造更加平和的氛围。

享受各种各样的素材感

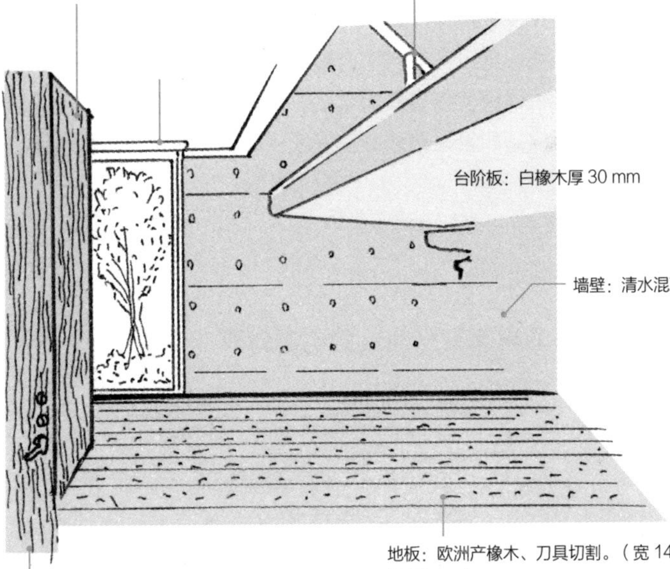

在起居室等犹豫要不要使用的素材，可以用在玄关。

玄关处的素材

作为住宅门面的玄关处，可以享受到混凝土和木材、铁的组合带来的素材感。如果在室内进行清水混凝土装修，热环境会恶化，但如果有隔断，就不会受到热影响，可以采用。地板采用表面用刀具切割过的具有凹凸感的地板材料（欧洲产橡木），脚感很舒服。混凝土和木的组合在设计上意外地非常协调。

（村田）

硅藻泥壁纸

担心室内冷暖的人很多，但让人意外的是在乎湿度的人好像很少。虽然因为各种条件不同，没办法保证数字，但是木地板、木板墙、硅藻泥等天然原材料具有调湿功能，可以有效将室内湿度保持在较低水平。另外，从使用方便和价格方面考虑建议使用硅藻泥壁纸。采用水泥装修的话，被弄脏或有刮痕就会很麻烦，但是如果采用硅藻泥壁纸，用抹布或炊帚擦拭也不会弄坏墙壁的表面。

（诸角）

使用方便的硅藻泥壁纸具有超凡的调湿效果

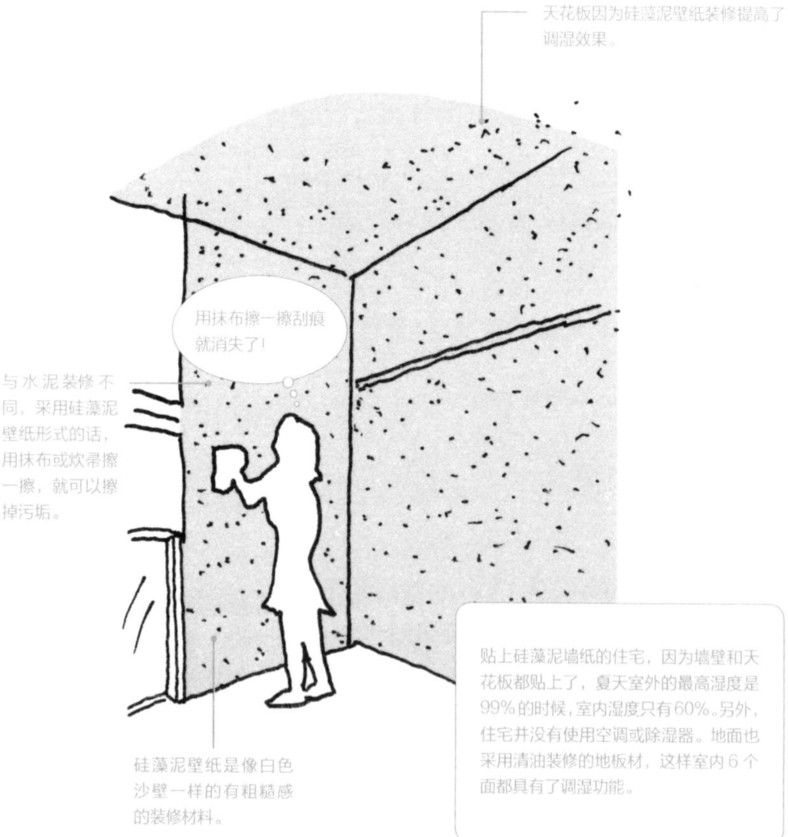
天花板因为硅藻泥壁纸装修提高了调湿效果。
用抹布擦一擦刮痕就消失了！
与水泥装修不同，采用硅藻泥壁纸形式的话，用抹布或炊帚擦一擦，就可以擦掉污垢。
硅藻泥壁纸是像白色沙壁一样的有粗糙感的装修材料。
贴上硅藻泥墙纸的住宅，因为墙壁和天花板都贴上了，夏天室外的最高湿度是99%的时候，室内湿度只有60%。另外，住宅并没有使用空调或除湿器。地面也采用清油装修的地板材，这样室内6个面都具有了调湿功能。

制作与空间融为一体的独创的晾衣工具——栏杆

设置的高度是距离地板 1800 mm，距离外壁 550 mm，长度为 2230 mm。

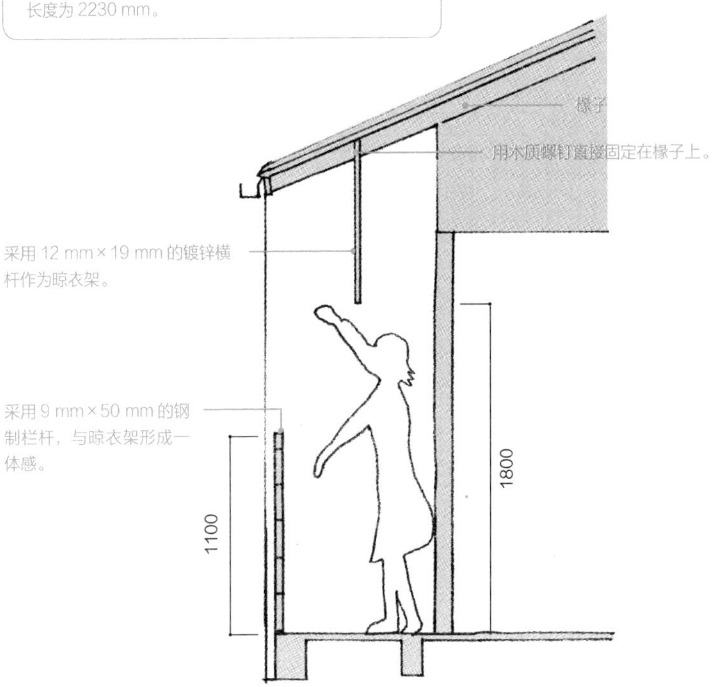

椽子
用木质螺钉直接固定在椽子上。
采用 12 mm × 19 mm 的镀锌横杆作为晾衣架。
采用 9 mm × 50 mm 的钢制栏杆，与晾衣架形成一体感。
1800
1100

晾衣工具

大部分重视功能性的成品晾衣工具实在是给人一种很强烈的成品感，因此如果安装上去的话，就会与内部空间及外观设计形成违和感。成品中也有可以收纳在天花板上的产品，但是除了有客人拜访的时候以外，也很少有人会费力气把它收上去吧。既然这样，建议稍微花点功夫制作独创的晾衣工具。如果晾衣工具平时与空间和外观融为一体，不使用的时候即使看到了也不会在意它的存在。

（杉浦）

营造具有强抗冲击性的和风氛围

图示是改建后例子。建筑物中间的大厅洋溢着柔和的光辉。扩散光柔和地照射着各个角落。

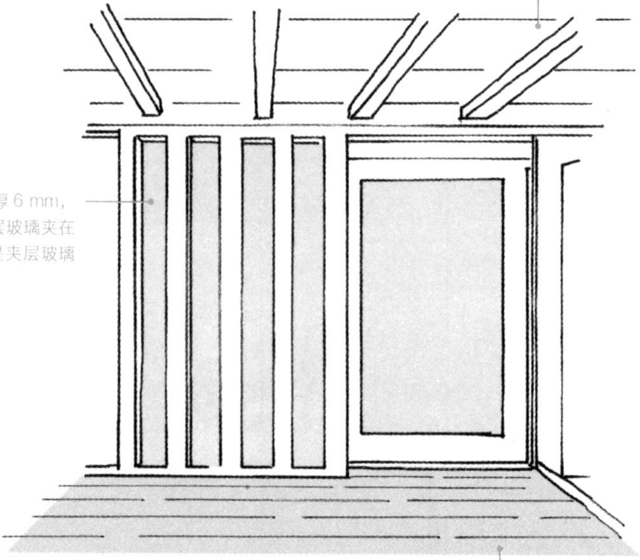

另外还有在玻璃表面单面贴上类似和纸的薄纸的方法。丙烯系纤维也有类似的效果，从预算角度考虑，也可以使用丙烯系纤维的、具有和纸风格的东西。

和纸玻璃

我非常喜欢和纸玻璃，将其使用在门窗隔扇和列柱间隙处。不仅可以作为开口部，还可以作为隔断使用。从修补角度考虑，用在隔扇上是坚固耐用的。因为和纸玻璃是和纸被两层玻璃夹在中间的构造，隔扇的效果也就是可以带来柔和的光，也可以形成传递心情的轻盈的隔断，这是跟其他素材相比最大的不同。另外，因为有夹层玻璃，所以有很强的抗冲击性，安全性能高。

（仓岛）

障子

障子（日式隔扇）是在西式房间也可以实现时尚的和式空间的隔扇。虽然障子没有像窗帘一样的遮光性，但是却具有高气密性、高隔热性。再说通过使用防雨门板就可以确保遮光性，光透过障子扩散出去，使整个房间被柔和的光包围。有的家庭会说“家里有小孩子，没办法使用”，也有很难破坏的高强度的隔扇纸，所以不用担心。障子是日本人创造的高性能美观的隔扇，希望也能积极地使用在现代住宅。

（落合）

将构件弄细后装修，跟西式房间也是很契合的

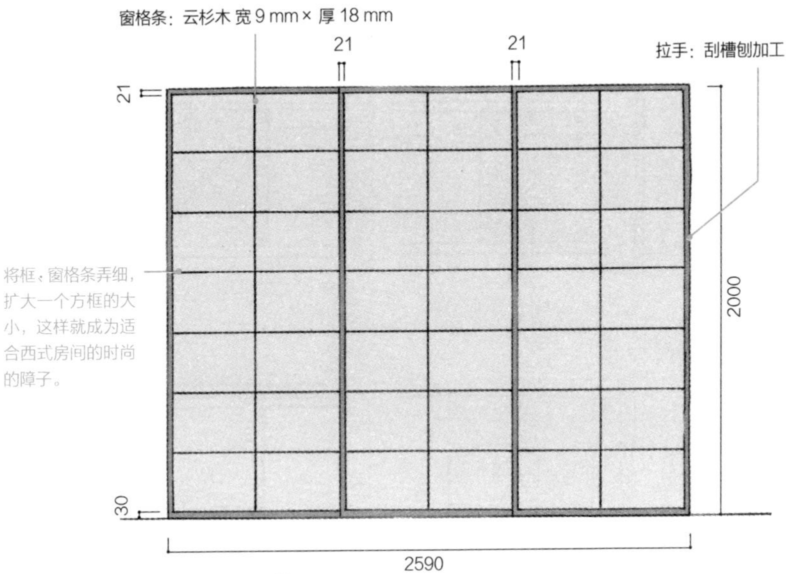

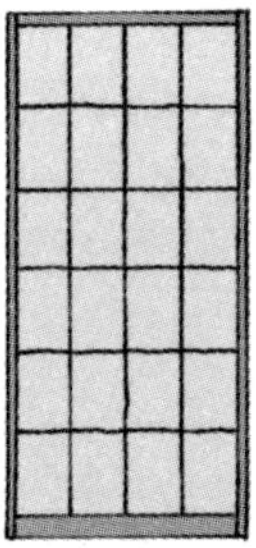

传统的障子。这是被称为水腰障子的没有护板的障子。窗格条采用 12 mm × 18 mm。如果要进行真正的和风装修，像这样传统的比例更合适。

活用和纸

和纸是很有魅力的。透过隔扇纸的光感，还有在墙壁和天花板使用时的阴影和质感，对营造房间的氛围发挥巨大作用。应用在拉门等门窗隔扇中时，采用太鼓贴的形式简单地进行装修。在日式房间中，贴在水泥砌墙的中间部分，也可以产生变化。虽然和纸是日本的纸，但是也希望能积极地使用在西式房间的墙壁和天花板上。只在抬高的天花板部分贴上有特别花样的和纸，也是非常有趣的。

（坂东）

可以营造空间氛围的比较廉价的和纸

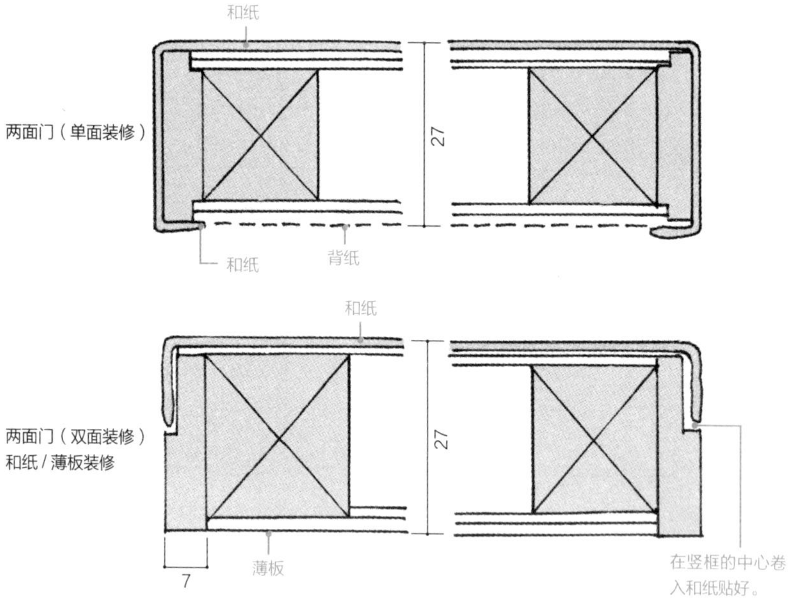

和纸是张贴方向、接缝方法、表里的选定等都可以下功夫轻松处理的装修材料，在全国均有生产，种类也很丰富，是比较廉价又有趣的材料。

太鼓贴：①骨架的两面贴上纸或板，里面采用中空的形式；②太鼓贴拉门的简称，像①一样不安装框和拉手的拉门（来自《数码大辞泉》）。本案例中，因为安装拉手，所以可能不那么严格，不是围绕四周，而是贴在上面将周围（小开口）包裹起来。

用稍微奢侈点的厚的材料制作木制楼梯板

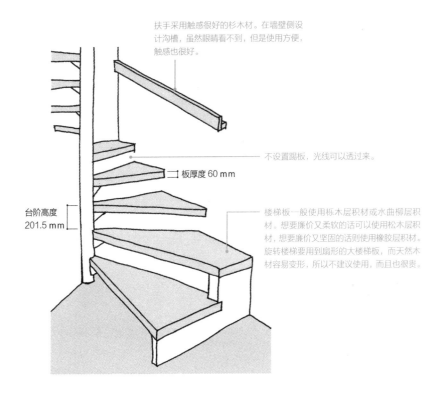

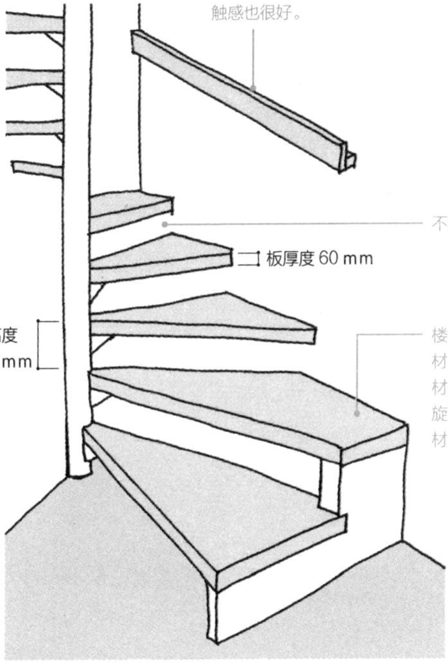

扶手采用触感很好的杉木材。在墙壁侧设计沟槽，虽然眼睛看不到，但是使用方便，触感也很好。
不设置踢板，光线可以透过来。
板厚度 60 mm
台阶高度 201.5 mm
楼梯板一般使用栎木层积材或水曲柳层积材。想要廉价又柔软的话可以使用松木层积材，想要廉价又坚固的话则使用橡胶层积材。旋转楼梯要用到扇形的大楼梯板，而天然木材容易变形，所以不建议使用，而且也很贵。

准防火地域的建筑物反而使用木制楼梯板

准防火地域的 3 层楼以上的建筑物都是准耐火建筑物。因此，楼梯都采用铁制的或在楼梯板里面铺上石膏板，施加防火遮盖物，这都是必要的。但是，也有“最长燃烧时间设计”这种想法。也就是说，如果使用 60 mm 以上厚度的板材，即使发生火灾，也可以坚持 30 分钟。使用 60 mm 厚的楼梯板是非常奢侈的，一般不会使用，但是如果是在准防火地域的话，就非常有必要使用了。下点功夫可以实现小面积的旋转楼梯。素材本身具有温暖感，这是木制楼梯板的魅力所在。

（根来）

浴室的天花板

如果可以的话，希望在浴室的天花板设置倾斜度。这样可以避免沐浴时水蒸气形成水滴从天花板落下来。另外，采用丝柏木或扁柏木装修，有很好的调湿功能，还可以在浴室营造平和治愈感，有一箭双雕的效果。腰壁以上也采用同样的木材，浴池也采用木制。如果担心换气的问题，天花板也采用木材装修，既不用特别维护，又可以轻松地使用。

（坂东）

进行木制装修，发挥治愈感和调湿功能

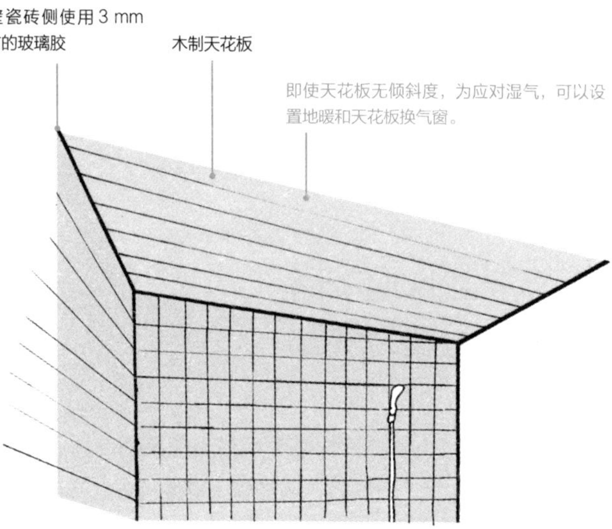
墙壁瓷砖侧使用 3 mm
左右的玻璃胶
木制天花板
即使天花板无倾斜度，为应对湿气，可以设
置地暖和天花板换气窗。

木材建议使用丝柏木或扁柏木，既便宜又轻松调湿。尺寸是小幅板 95 mm（宽）× 12 mm（厚）× 1800 mm（长）。实施拼接加工。为了不让水浸入木材里面，墙面瓷砖侧使用 3 mm 左右的玻璃胶。

按较长方向铺设木板不一定是最合适的

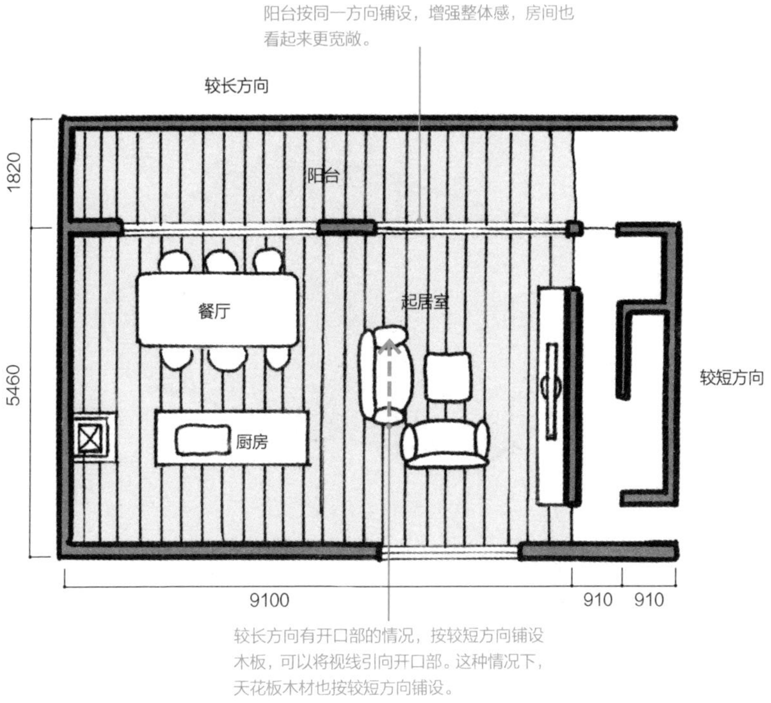

阳台按同一方向铺设，增强整体感，房间也看起来更宽敞。
较长方向
1820
阳台
餐厅
起居室
5460
较短方向
厨房
9100
910
910
较长方向有开口部的情况，按较短方向铺设木板，可以将视线引向开口部。这种情况下，天花板木材也按较短方向铺设。

木材的铺设方向

地板材等板材一般都按房间的较长方向铺设。这是因为按较长方向铺设可以强调进深感，使房间看起来更宽敞。但是如果较长方向有引进风景的开口部的话，也可按较短方向铺设。这样做可以将视线引入，具有导向性。地板材等的铺设方向，不要局限于通常的想法，要与空间的演绎目的相匹配，适材适所地进行判断。

（根来）

要使用干燥后的木材

使用干燥好的含水率低的木材是非常重要的。特别是接下来想要建造木结构住宅的人，请一定要记住木材的这种特性和品质。

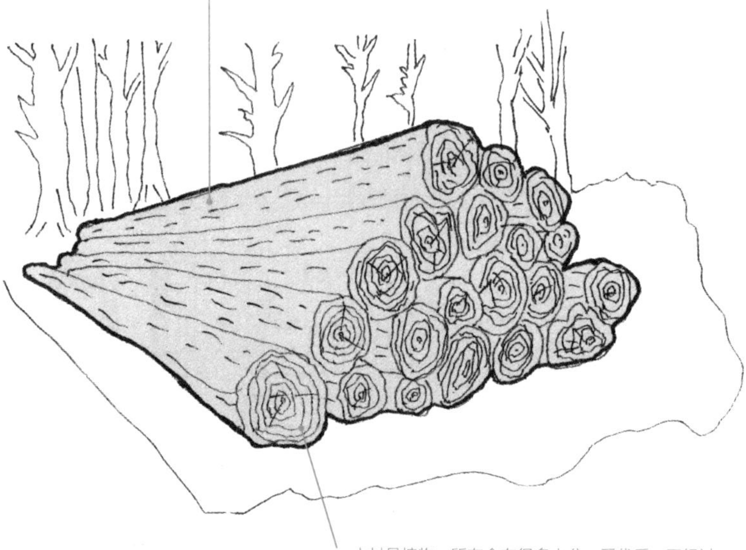

木材是植物，所有含有很多水分。采伐后，不经过干燥处理，是不能作为建筑材料使用的。

木材的干燥度和强度

被称为原木材、还没干燥的木材以前经常使用。这是因为以前没有让木材变干燥的想法。如果不将木材弄干燥后再使用，会出现缩短、变形的状况，以致产生间隙和裂缝。要使木材干燥到基准值的含水率后再使用，比如杉木或丝柏木是 15% 左右。另外，每根木头的强度都是不一样的，要事先测量木材的强度即杨氏系数，这是很重要的。我们需要知道，木材是生物，所以都有个体差异性，是不能直接拿来使用的。

（古川）

含水率：以全干木材的重量作为计算基准。杉木未干燥时含水率可能高达 200%。杨氏系数：将木材抵抗形变能力用数字表示。用 E70、E50 等表示，数字越大越不容易变形。

瓷砖接缝的颜色

在有水的地方和炉灶周围的墙壁和天花板上，经常使用瓷砖。通过改变接缝颜色，房间的印象会很大程度地发生改变。白色、灰色是接缝颜色的基本颜色，接缝颜色越深，瓷砖颜色看起来越浅，看起来尺寸越小。

接缝颜色采用茶色，白色瓷砖会有像泥土一样温暖的感觉，跟木结构厨房和洗脸台很匹配。最近网上有接缝色的模拟实验，可用来作参照。

（伊泽）

通过改变接缝色，使瓷砖装修的印象突变

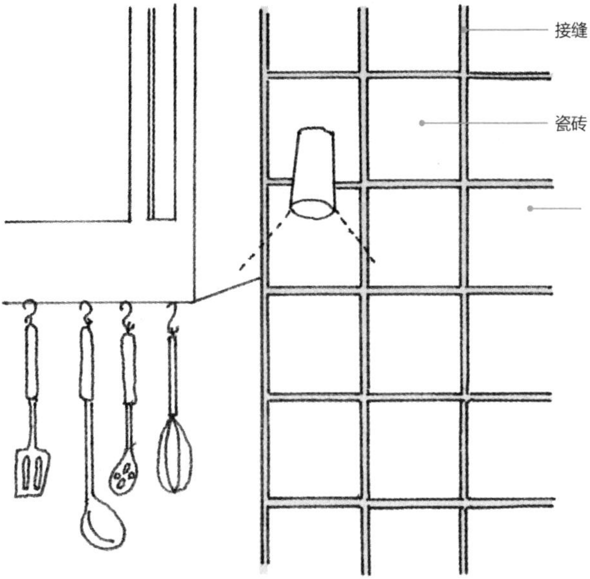

白色瓷砖配合棕色系的接缝，跟木制的厨房周围装修很协调。

使用瓷砖的地方，比如在外部装潢等面积较大的地方使用的时候，应先将瓷砖铺贴和接缝色都做样品，研究好之后再做装修。

肌肤能接触的木材

我认为重视木材的触感，比隐藏木材的缺点更重要，要尽可能地发挥木材的长处。不仅是露出来的构造体，还有地板、墙壁、扶手、柜台、家具等都采用天然木材，涂漆也不制作涂膜，充分利用木材的温暖感、柔和感、吸湿性等。像这样充分利用木材的长处，虽然从维护角度考虑，也有容易变脏的缺点，但是要把这当作是没有办法的事，享受经年变化带来的感觉。总之，要重视住宅中木材的触感。

（松泽）

将天然木材不加修饰地使用在楼梯的扶手上

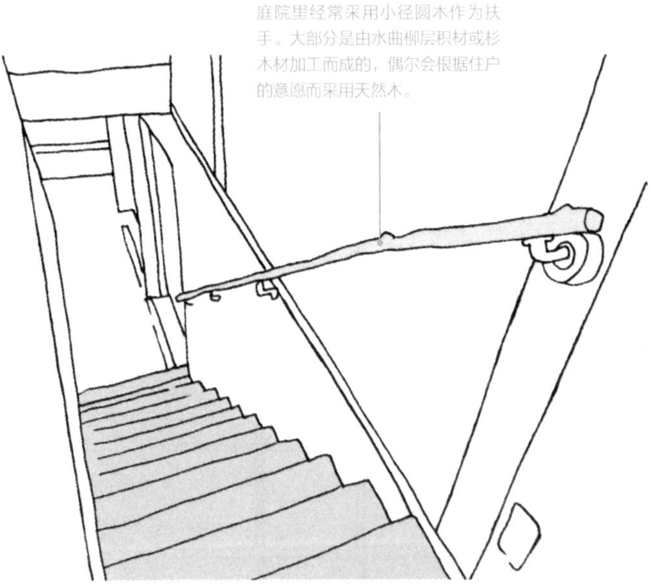
庭院里经常采用小径圆木作为扶手。大部分是由水曲柳层积材或杉木材加工而成的，偶尔会根据住户的意愿而采用天然木。

将天然木不加修饰地用作扶手，选择树种时，要注意容易握的粗细、强度、触感（安全性）等。固定的时候，经常使用铝制配件，并根据需要对木材进行加工，便会不怎么在意轻微的弯曲和粗细的变化。

采用天然原材料和钢板进行装修，控制成本

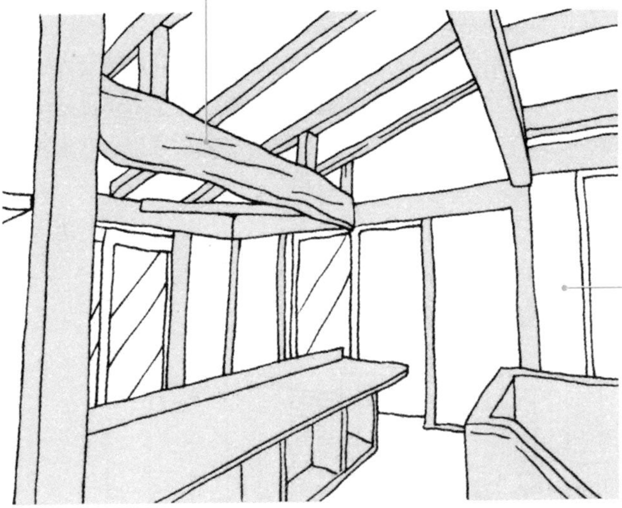
材料不加修饰，节省了多余装修的成本。
墙壁采用灰泥装修。

桁条采用 30 mm 的杉木窄条薄板，大椽子采用 120 mm 方形，间隔 909 mm 设置。小屋梁基本上是不加修饰的，由杉木或广叶树构成。墙壁全部采用灰泥装修。

室内采用木材和灰泥装修

考虑到成本的时候，想到什么要留下来什么要舍弃的问题，总是非常烦恼。这时候，要将住户的健康和舒适感摆在第一位，采用木材和灰泥装修。可以说从室内的温度、湿度、各种维护的成本考虑，这是非常合理的方法。内外是有差距的，外部采用镀铝锌钢板装修。采用木材和灰泥，还有镀铝锌钢板的装修方法，在基本建设费、运行成本上都很有优势，废弃后也不会对环境造成很大的影响，所以我一直采用这种方法。

（松泽）

采用自然素材的浴室

考虑到打扫的方便、地板的温暖感、施工的简易，也许很多人会选择一体化浴室。但是，在使用自然素材修建的浴室里，透过窗户可以眺望内院的风景和天空，让身心放松，消除一天的疲劳。另外，在及腰高度铺设瓷砖或石砖，墙壁和天花板上铺设丝柏板，可以体验温泉气氛。浴室不仅仅是清洗身体的地方，更是放松精神的重要的场所，因此请务必考虑采用自然素材来修建浴室。

（落合）

在用天然材料装修的浴室好好放松

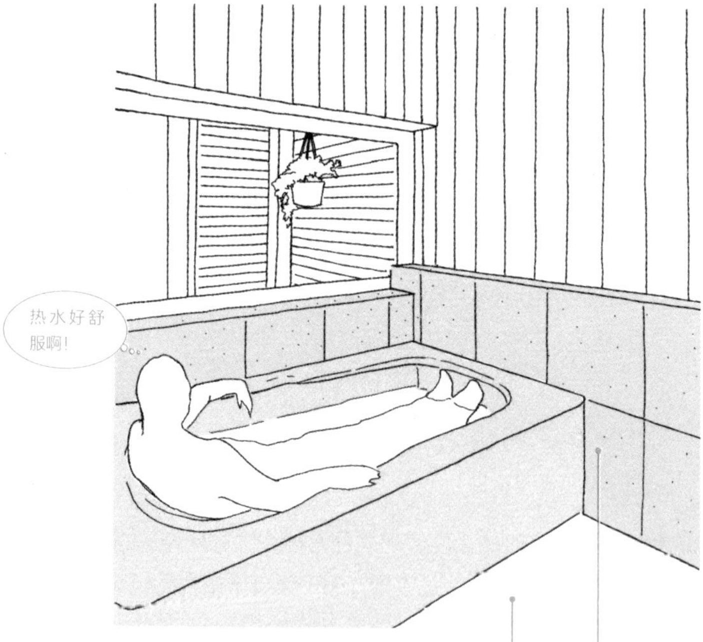

热水好舒服啊!
地板、腰壁都采用能体验温泉氛围的十和田青石。进行防水加工使之不容易发霉。

避免发霉最有效的方法就是使浴室干燥。最后洗澡的人打开小窗户，将换气扇开到第二天早晨，浴室内就能干燥了。

在使用天然素材的浴室放松地休息

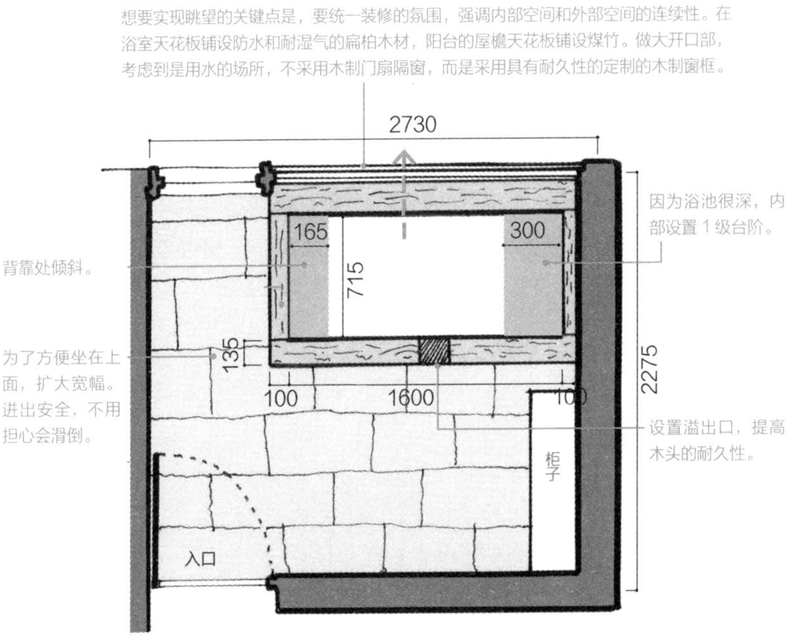

想要实现眺望的关键点是，要统一装修的氛围，强调内部空间和外部空间的连续性。在浴室天花板铺设防水和耐湿气的扁柏木材，阳台的屋檐天花板铺设煤竹。做大开口部，考虑到是用水的场所，不采用木制门扇隔窗，而是采用具有耐久性的定制的木制窗框。
2730
165
300
715
135
100
1600
100
2275
因为浴池很深，内部设置 1 级台阶。
背靠处倾斜。
为了方便坐在上面，扩大宽幅。进出安全，不用担心会滑倒。
设置溢出口，提高木头的耐久性。
柜子
入口

墙壁使用瓷砖，地板和浴池内使用十和田石，浴池的框采用丝柏木，天花板采用扁柏木，屋檐天花板采用煤竹。地板的十和田石推荐使用尺寸为 300 mm × 600 mm × 22 mm 的。除了丝柏木，可以在浴室、浴池使用的还有扁柏木、花柏木、金松木等。除了地板的十和田石，可以在浴室、浴池使用的还有御影石、铁平石、玄昌石。

用木材和石头修建浴室

浴室是消除疲劳的地方，充分利用木材和石材所具有的自然感觉的浴池是很有魅力的。推荐的素材是十和田石（地板）和青森扁柏木（天花板）。木制浴池代表性的是柏木浴池，担心维护的话，浴池的框采用丝柏木，浴池内部采用跟地板材一样的十和田石。将装修材料统一为石头，营造空间整体感，另外，十和田石被水淋湿后会散发蓝色的光辉，触感好，让人感到温暖。而且，采用柏木框，入浴的时候可以将头靠在上面，出入的时候可以坐在上面。

（根来）

暖炉设置在起居室中间

很多人都憧憬着拥有一个暖炉吧。下图的家正是实现了一位顾客“想在能欣赏到美丽的白马村连绵的群山的窗边设置暖炉（火炉）”的愿望。这个家是气密、隔热效果很好的住宅，隔断很少，所以暖炉的热量可以有效地传递到整个房间，在各居室设置小的家用空气循环器使空气循环，保持舒适的室温。在暖炉的前面放置沙发，家人一边凝视火焰，一边透过窗户欣赏北阿尔卑斯群山和绵延田园的美丽风光。

（山下）

代替电视机设置暖炉

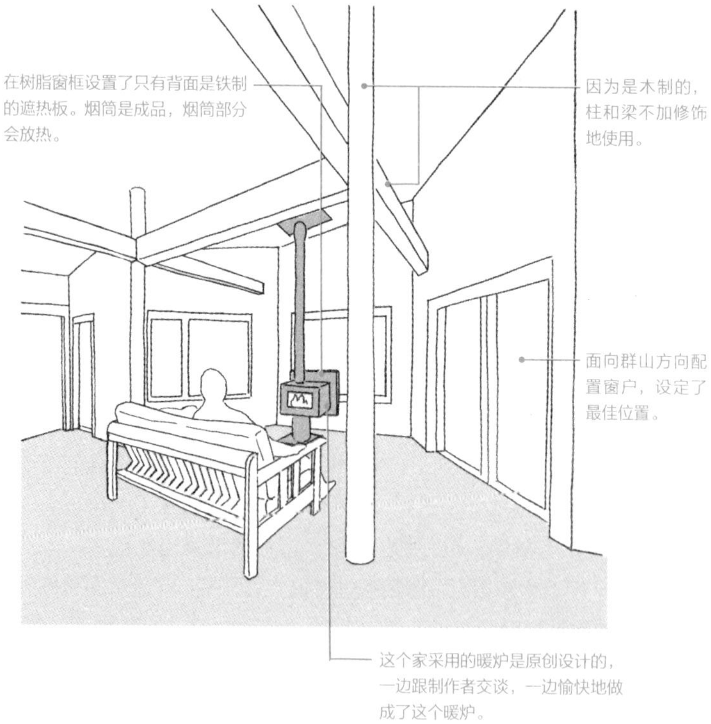
在树脂窗框设置了只有背面是铁制的遮热板。烟筒是成品，烟筒部分会放热。
因为是木制的，柱和梁不加修饰地使用。
面向群山方向配置窗户，设定了最佳位置。
这个家采用的暖炉是原创设计的，一边跟制作者交谈，一边愉快地做成了这个暖炉。

在抽油烟机前修建墙壁是必需的

通过将拉门推到这侧，可以遮挡家务角。

料理台的高度是距离地面900 mm，可以摆放凳子，也可以在料理台用餐。

炉灶前设置墙壁，在起居室就看不到冰箱了。

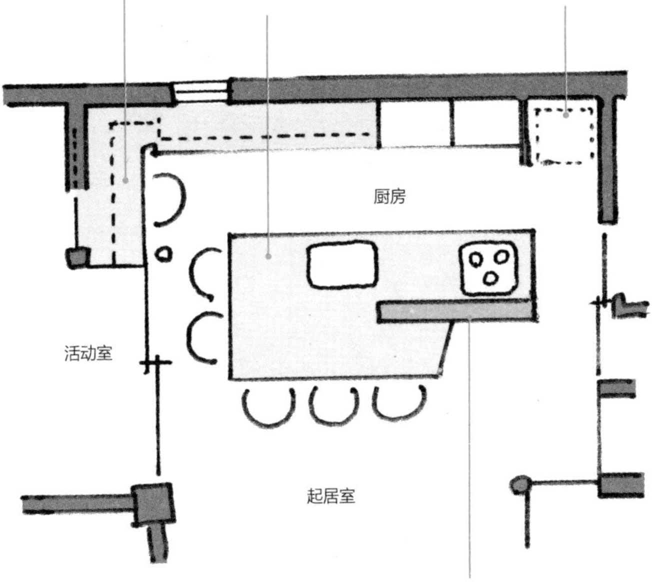

在炉灶的正上方安装抽油烟机是必须的，但烟气还是会向周围扩散，所以即使是开放式厨房，也要在炉灶的正面设置墙壁。

炉灶前的墙壁

现在越来越多的人想要修建开放式厨房，但是如果不事先确认好想要开放到什么程度，那么很可能会修建了不适合生活的厨房。为避免这种情况，可在炉灶周围打造隔断。如果没有隔断，烧菜的时候，眼睛看不到的汁和油向四周飞溅，也可能会飞溅到厨房和反方向的起居室。这个是即使有抽油烟机也没法避免的事，所以还是建议在炉灶前修建墙壁。

（本间）

好像咖啡厅，在厨房直接上菜

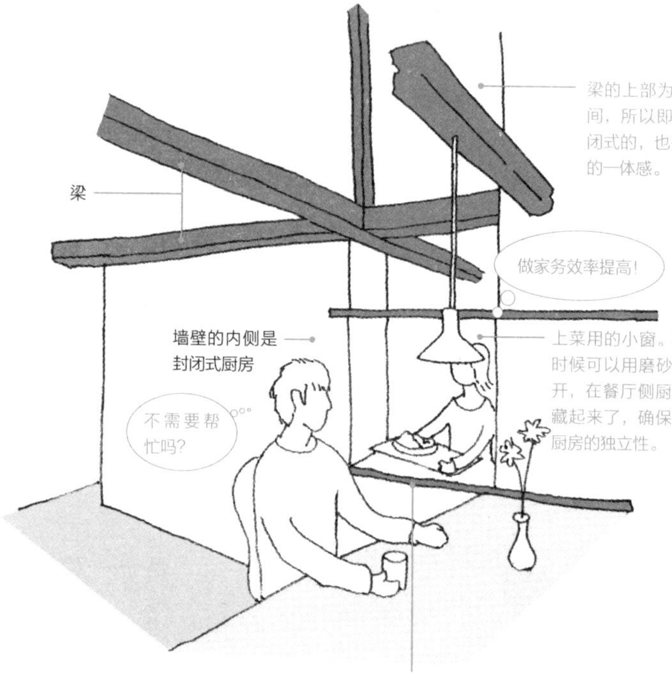
梁的上部为挑高空间，所以即使是封闭式的，也有 LDK 的一体感。
梁
做家务效率提高！
墙壁的内侧是封闭式厨房
上菜用的小窗。不用的时候可以用磨砂玻璃隔开，在餐厅侧厨房就隐藏起来了，确保封闭式厨房的独立性。
不需要帮忙吗？

这个小窗距离地面的高度与餐桌高度相近，使用起来方便，一般是距离地面 750 mm（因为基本上没有高于 750 mm 的桌子）。

封闭式厨房的上菜方法

最近的住宅中开放式厨房很受欢迎，对于开放式厨房和封闭式厨房，试着比较一下它们的特征，发现还有选择封闭式厨房的这一选项。如字面意思，把它当作厨房操作空间，也可以与餐厅和起居室间隔开。但是，如果让厨房独立出去，就一定会有一个问题，那就是如何将菜端到餐厅。这个问题的解决方法是，面向餐厅修建一个端菜用的小窗。

（本间）

洗漱台上安装实验用水槽

实验用水槽是理科实验用的陶器制水槽，将其当作洗脸盆使用。实验用水槽比一般的洗脸盆大，可供 2 个家庭成员并排在洗漱台洗漱。另外也可以当作洗衣槽使用。特别是有小男孩的家庭，每天都要跟沾满泥的衣服做斗争。虽然有专用洗衣槽更好，但是这对狭小的日本住宅空间来说是很难的。有时候也会被迫在浴缸洗沾满泥的衣服，既然这样的话，安装当作洗脸盆使用的实验用水槽，有一石二鸟的效果。

（古川）

可以两人并排着刷牙

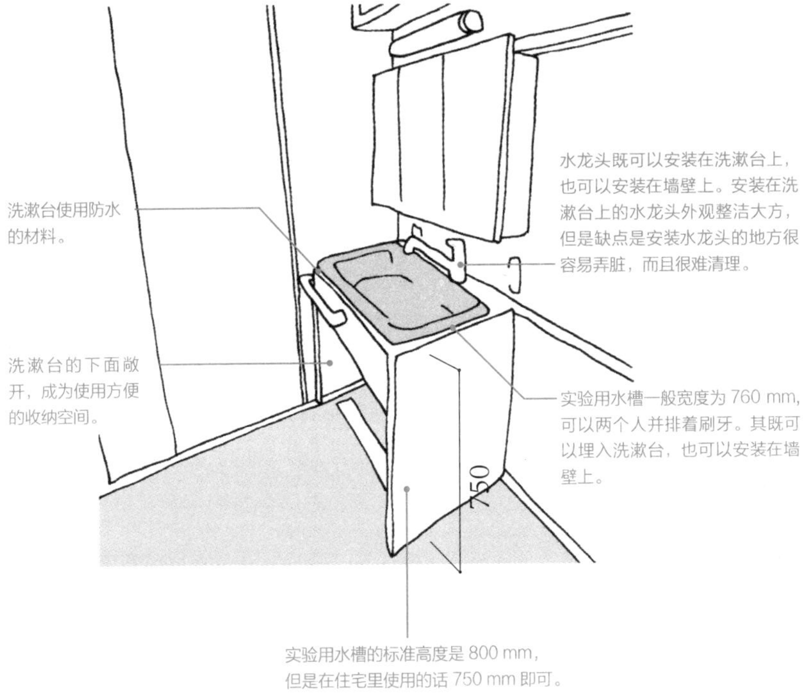

洗漱台使用防水的材料。
洗漱台的下面敞开，成为使用方便的收纳空间。
水龙头既可以安装在洗漱台上，也可以安装在墙壁上。安装在洗漱台上的水龙头外观整洁大方，但是缺点是安装水龙头的地方很容易弄脏，而且很难清理。
实验用水槽一般宽度为 760 mm，可以两个人并排着刷牙。其既可以埋入洗漱台，也可以安装在墙壁上。
750
实验用水槽的标准高度是 800 mm，但是在住宅里使用的话 750 mm 即可。

无水箱坐便器放在 1 楼

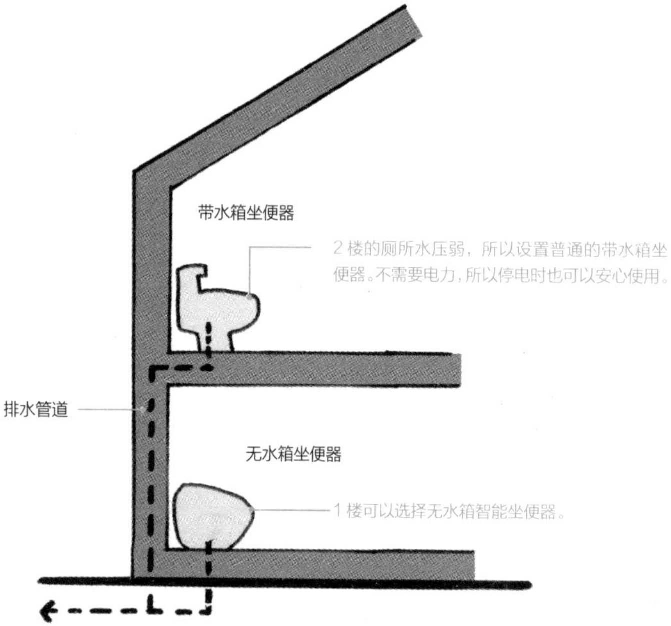
带水箱坐便器
2 楼的厕所水压弱，所以设置普通的带水箱坐便器。不需要电力，所以停电时也可以安心使用。
排水管道
无水箱坐便器
1 楼可以选择无水箱智能坐便器。

带水箱坐便器

近年来，无水箱坐便器很受欢迎，但是家里有两间厕所的话，一定要有 1 个是普通的带水箱坐便器。无水箱坐便器虽然是小型的、智能的，但基本上还是用电使阀门工作，需要插座。因此，与其说无水箱坐便器是设备机器，不如说它是“家电”。

如果家里有 2 个坐便器，最好其中 1 个采用不需要电力的坐便器。住宅为 2 层楼的话，2 楼比 1 楼的水压弱，因此建议在 2 楼使用带水箱坐便器。

（丹羽）

洗手盆的大小

厕所的室内空间是很有限的，但是洗手盆还是尽量选择大一点的。用肥皂洗手的时候，经常会溅出好多水，这会让人不愉快，但是小心翼翼地洗手又让人感到有负担。上完厕所后，洗手、照镜子打扮，完成这一系列动作后可以转换心情。

最近在设置于水箱上的洗手盆中，也有比普通型更注重洗手感受的成品。如果空间及成本没有余裕的，建议采用这种洗手盆。

（小野）

大洗手盆让人心情很好

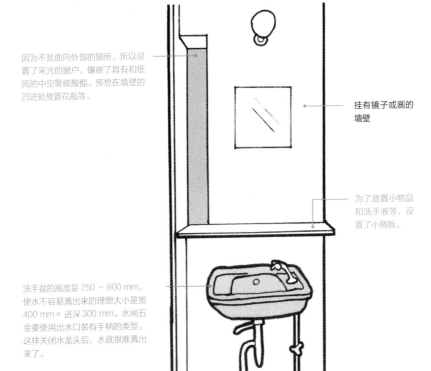

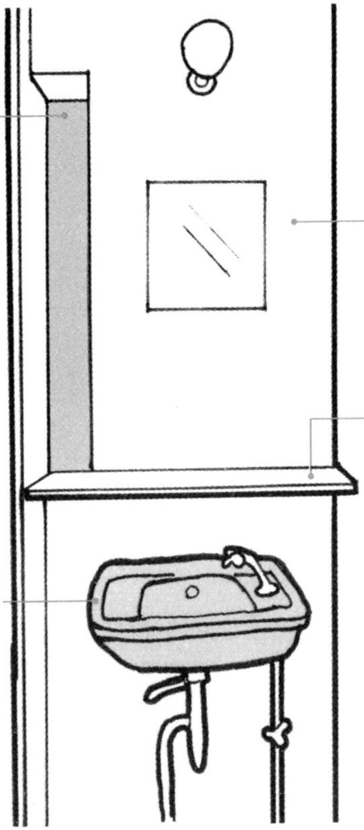
因为不是面向外部的厕所，所以设置了采光的窗户。镶嵌了具有和纸风的中空聚碳酸酯。预想在墙壁的凹进处放置花瓶等。
挂有镜子或画的墙壁
为了放置小物品和洗手液等，设置了小搁板。
洗手盆的高度是 750 ~ 800 mm。使水不容易溅出来的理想大小是宽 400 mm× 进深 300 mm。水闸五金要使用出水口装有手柄的类型。这样关闭水龙头后，水就很难溅出来了。

在屋顶空间欣赏天空和全景画风景

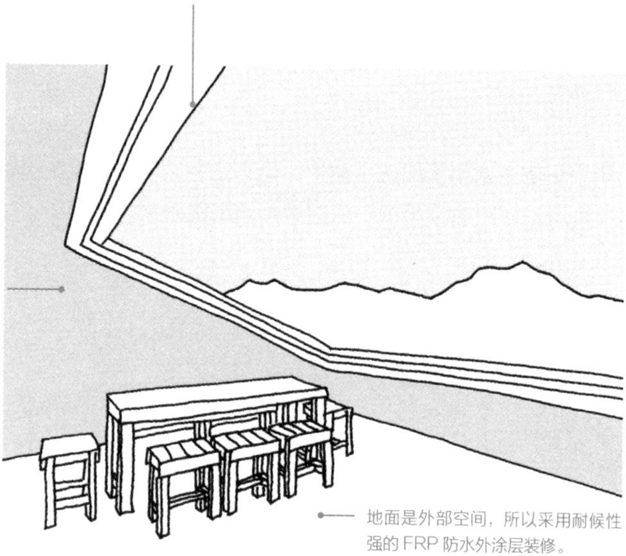

被拆下来的屋顶采用的是镀铝锌钢板。
背面、左右都有墙壁，所以不需要在意邻居的视线。
地面是外部空间，所以采用耐候性强的 FRP 防水外涂层装修。

屋顶阳台

屋顶可以说是城市住宅最后仅存的乐园。这个住宅的屋顶阳台是拆掉人字形屋顶后修建的。背面的墙壁以及左右倾斜的墙壁遮挡了邻居的视线，打造了另一个世界。在这个地方可以非常享受地眺望全景画一样展开的风景，也可以仰望半球状的天空。在白天和冬日里暖暖的阳光照射下，和家人、朋友一边愉快地聊天一边吃饭，又或者在夏天夜幕降临的时候，一边吹着凉爽的风一边喝啤酒。

（野口）

第5章

更加注重细节

在本章节将一一为大家介绍设计师们私藏的建造方案的点子。

对细节的精益求精，在平常的生活中可能会被忽略，但其可以大幅提高日常的生活质量。另外，让住户产生对住房的依恋之情的，并不是成品那种没有特色的质感和外观，而是设计师特有的规划设计，使其产生“这是我的家”这样一种特别感。虽然住进去之前感觉没什么特别，但是一旦住进去就感觉好像不一样了，让人感到匹配和特别。本章节为大家介绍了很多这样的设计点子。

（石黑）

踢脚板的高度和形状

踢脚板是遮盖地面和墙面的接缝的构造。最近，为了使房间看起来更宽敞，有人会取消踢脚板或降低踢脚板高度，这种情况下，为了不产生缝隙需要很高的施工精度。为了突出存在感，设高 75 mm、从墙面凸出 10 mm 左右的“凸出式踢脚板”。它施工简单，而且在针对刮痕、污垢的维护保养方面也很方便。在古典风格的室内装修中将踢脚板的高度提高至普通的好几倍，也可以采用这种方式。另外还有“嵌入式踢脚板”等，可根据房间的用途和氛围等选择使用。

（菊池）

选择与房间类型相匹配的踢脚板

提高踢脚板和腰壁的高度，在墙面和天花板的边缘安装装饰性线脚，可以营造古典韵味。但是如果天花板很低的话，反而会让人感到沉闷。踢脚板、腰壁、墙面边缘材料的尺寸由与天花板高度的关系决定。线脚也选择简洁大方的设计。

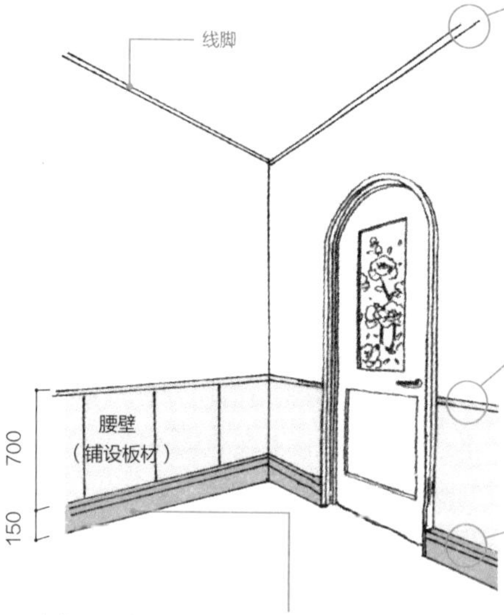

古典风格的空间内踢脚板的最佳高度约为 150 mm。另外，如果设置合适的沟槽，古典风格更加明显。

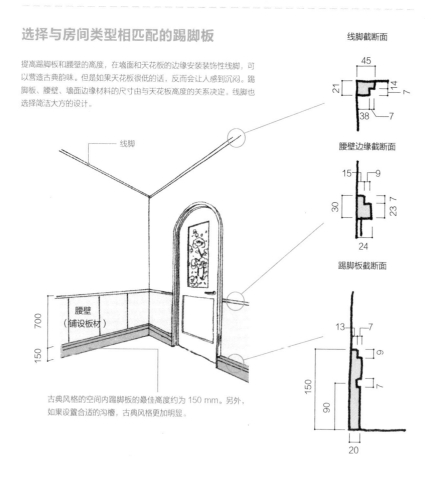

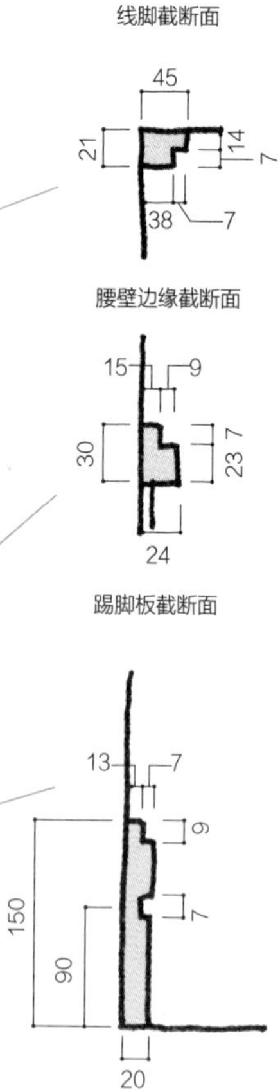

干净利落的室内装修

设置成与墙面在同一平面的嵌入式踢脚板，跟通常采用的“凸出式踢脚板”不同，上面不会积灰尘，室内看起来也干净利落。

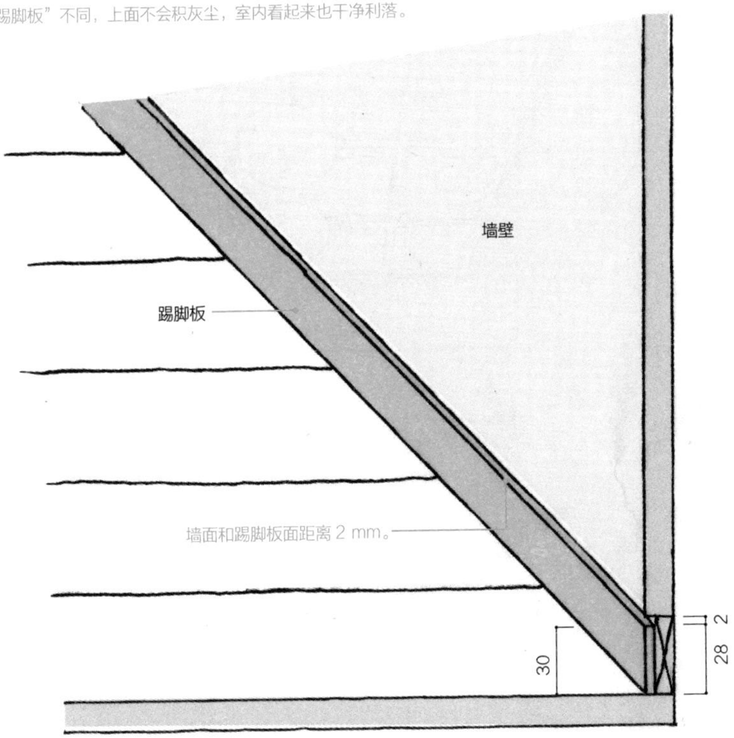

嵌入式踢脚板

随着装修材料的不断更新，在有些场合中可以不设置踢脚板。虽然这么说，但是考虑到吸尘器的管子靠在墙壁上会损坏或弄脏墙壁，还是设置踢脚板比较好。

为了施工的便利，通常采用“凸出式踢脚板”。其虽然面积不大，但是从墙面向室内凸出，很容易积灰尘。采用“嵌入式踢脚板”，既不会积灰尘，外观和墙面看起来还很干净整洁。

（田代）

遮盖天花板和墙面交界线的阴角线。天花板和墙面采用同种装修材料的话其可以省略。
格子状天花板周围的浮雕（线脚）采用喷漆的树叶形状。这也是阴角线的一种。即使掉落了也可以使用木工用黏结剂进行修复。

天花板的阴角线

在日式房间中，天花板用木板铺设，墙面采用泥浆涂墙，像这样不同材质的装修材料相接的情况，可采用阴角线来遮盖相交处，同时起到装饰作用。相反，在西式房间中，天花板和墙面一般采用同种装修材料，很多时候都省略阴角线。即使是采用不同装修材料，也尽量简化阴角线，并与墙面保持色调一致，可以降低存在感，使房间看起来更宽敞。为了营造宽阔感，可采用使阴角线部位凹进去的“隐藏式阴角线”。采用雕刻花纹的或大的阴角线，可以营造古典感。

（菊池）

舒适的、向二楼延伸的楼梯

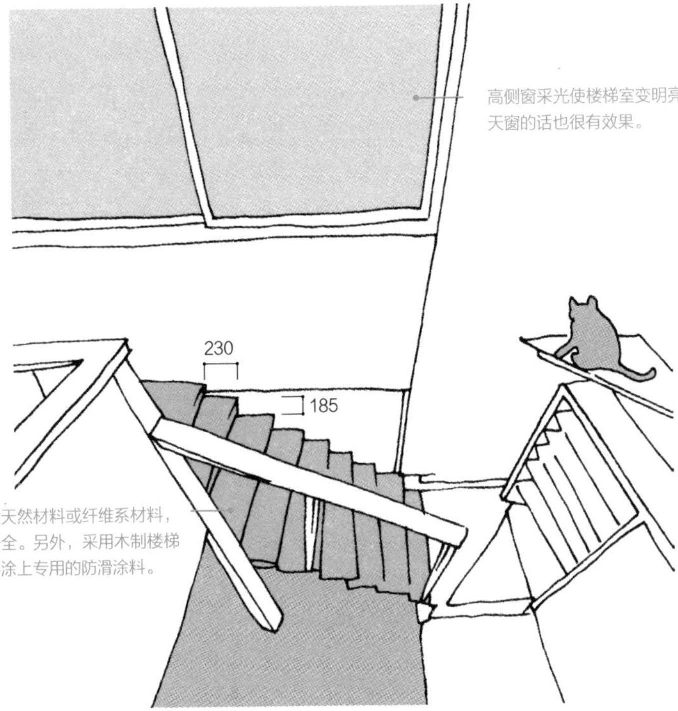

高侧窗采光使楼梯室变明亮，采用天窗的话也很有效果。
230
185
踏板铺设天然材料或纤维系材料，防滑且安全。另外，采用木制楼梯的场合要涂上专用的防滑涂料。

（踢板）185×2+（踏板）230 = 600

方便攀登的楼梯。

使人想要上楼的楼梯

将二楼设置成起居室，就要有能吸引人上楼的楼梯。可以采用的方法是，设置天窗或高侧窗，使楼梯室更明亮。另外，楼梯的踢板（A）和踏板（B）采用方便行走的 A×2+B=600×650（mm）的规格。楼梯采用防滑的材料，选择西沙尔麻卷材、蕉麻卷材等纤维系材料。如果使用木质系材料，要涂上树脂系的防滑涂料。

（田中）

使楼梯的中壁变薄

基本上住宅内楼梯都设计成 910 mm 的尺寸模数，同时要尽可能地使其变得更宽，还要控制整体的面积，所以通过使墙壁变薄确保宽度。两侧采用明柱墙，比采用暗柱墙能多获得 15 ~ 30 mm 的有效宽度。中壁则将通常必要的 150 mm 左右变为 50 mm 左右，实际有效宽度会扩宽 65 mm 以上。通过采用各种不同的材料，使中壁变薄，让楼梯室从整体上看起来美观、轻便又宽阔。

（松泽）

将楼梯室的中壁变薄

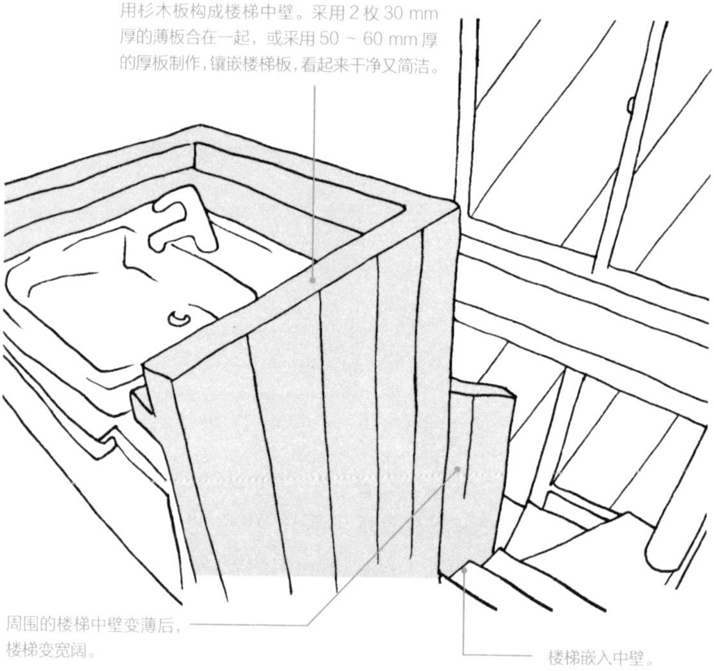
用杉木板构成楼梯中壁。采用 2 枚 30 mm 厚的薄板合在一起，或采用 50 ~ 60 mm 厚的厚板制作，镶嵌楼梯板，看起来干净又简洁。
周围的楼梯中壁变薄后，楼梯变宽阔。
楼梯嵌入中壁。

楼梯处光、风、温度时刻发生变化

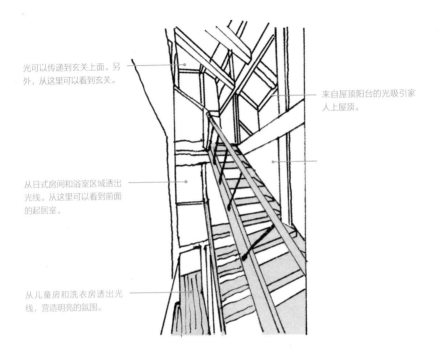

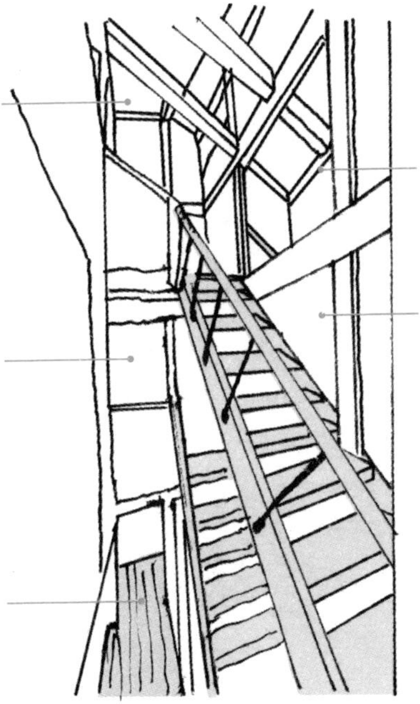

光可以传递到玄关上面。另外，从这里可以看到玄关。
来自屋顶阳台的光吸引家人上屋顶。
从日式房间和浴室区域透出光线。从这里可以看到前面的起居室。
从儿童房和洗衣房透出光线，营造明亮的氛围。

楼梯的演绎效果

在水平延伸的空间层叠的居住空间里，打通上下垂直的楼梯，给住户带来戏剧性的视野变化的特别空间。通过有计划地“操作”楼梯室的墙壁，使之时而关闭时而打开，更加增加了楼梯的魅力。让我们尝试将引发人俯视、仰视、看看对面、看看左右等的结构加入楼梯吧。

能感受到光、风、季节的变换的楼梯，成为住宅中顶梁柱般的存在。

（野口）

除了安全性，触感也很重要

扶手应使用坚固的材料，所以建议采用坚硬木材，如水曲柳层积材等。
扶手的宽度是直径 36 mm，为了防滑加工成八角形。
800
楼梯扶手的安装高度是距离台阶踏板 800 mm。

扶手

在楼梯、厕所、浴室、玄关处等有层高差的部分或易滑的地方，如果有扶手会很方便。其中，出于安全考虑，楼梯是必须设置扶手的。

扶手，如字面意思，是手直接接触的部分，所以除了安全性，触感也是重要的要素。水淋的浴室除外，其他的场所建议使用触感舒适的木制扶手，视觉上也有温暖感，而且丝毫没有不自然的感觉，与空间融为一体。根据住户手的大小可以自由决定横截面的大小。

（落合）

不显眼的窗帘盒

在挂窗帘的场合，让窗帘盒成为不显眼的存在。窗户离天花板很近时，将窗帘盒埋入天花板，或在前面设置小墙壁，可以降低其存在感，并且也不会积灰。窗户距离天花板有一段距离时，缩小其外观尺寸，并与墙壁同色，将轨道嵌入厚板，显得简洁干净。另外，窗帘遮住窗户的时候，建议采用蜂窝布等隔热性能良好的面料。

（伊泽）

使窗帘盒不显眼的方法

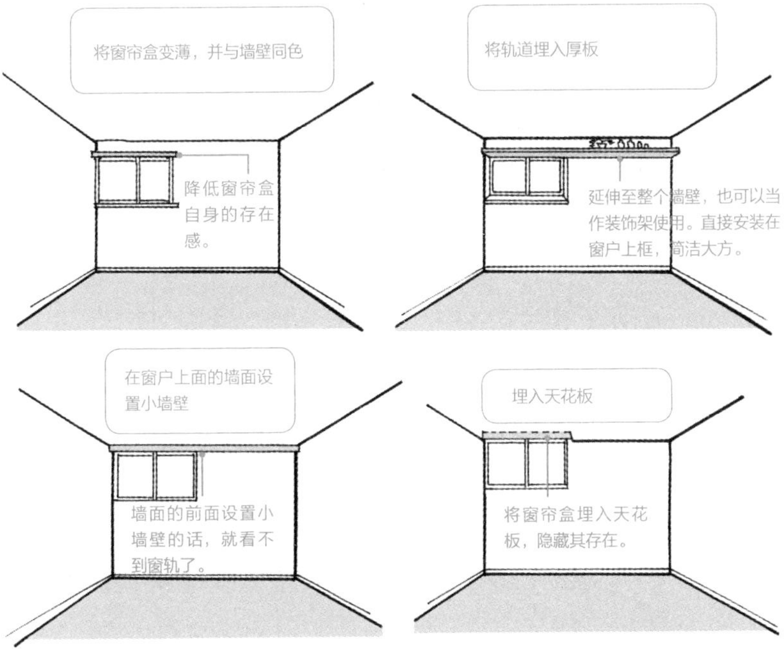

将窗帘盒变薄，并与墙壁同色
降低窗帘盒自身的存在感。
将轨道埋入厚板
延伸至整个墙壁，也可以当作装饰架使用。直接安装在窗户上框，简洁大方。
在窗户上面的墙面设置小墙壁
墙面的前面设置小墙壁的话，就看不到窗轨了。
埋入天花板
将窗帘盒埋入天花板，隐藏其存在。

斜着间隔的墙壁

若想将房间分隔成两间，通常是在既存的墙壁基础上，平行地建造墙壁，这里将介绍平行地斜向设置间隔。如图所示，墙壁、单扇门和拉门错开设置，这是为了消除门扇的存在感而采取的措施。墙壁和门扇共 4 面，各自的间隙处设置镜子，使墙壁看起来是连在一起的。在日西合璧的住宅中，明柱墙和暗柱墙混合，其间隙的节点被隐藏起来。这种室内装修实现了使暗柱墙和小墙缓缓连接的效果。

（久保木）

好像 4 面墙壁连在一起的玄关处

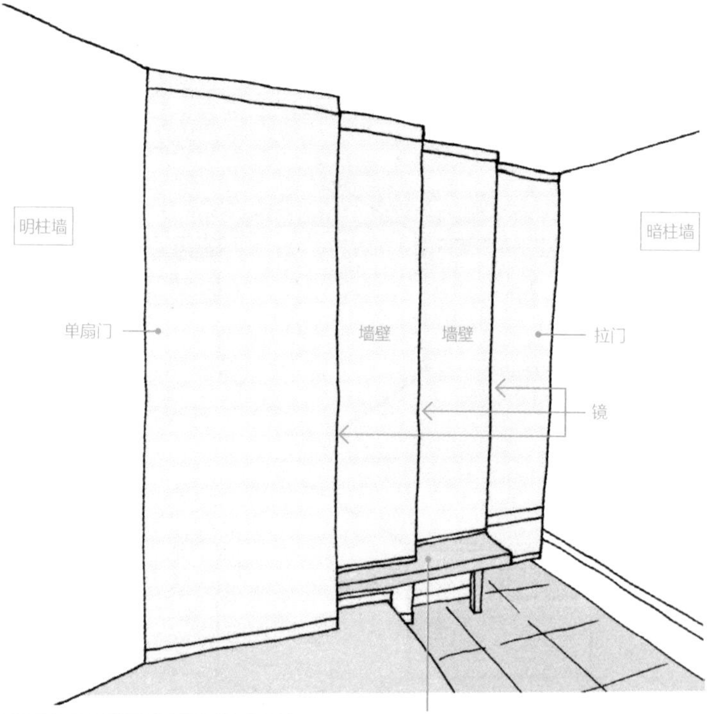

拉门、墙壁、单扇门连在一起，看起来好像是 4 面墙壁。

这个部分可以做成凳子，脱鞋、穿鞋的时候很方便。

充分考虑猫习性的设计

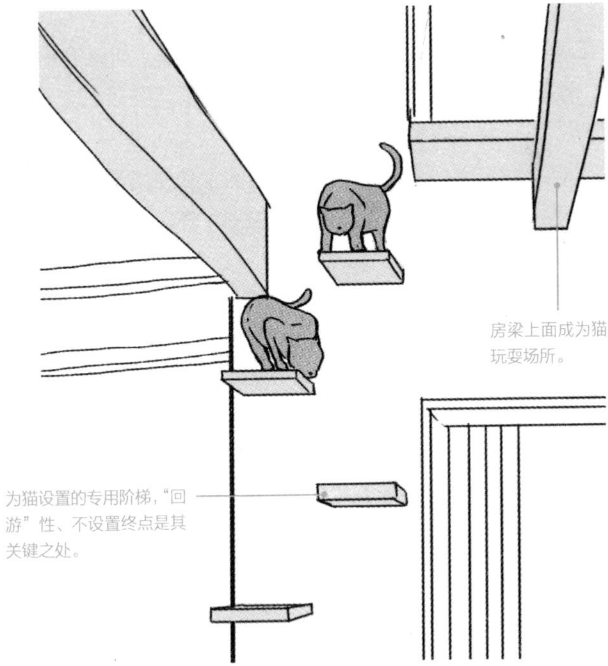
房梁上面成为猫的
玩耍场所。
为猫设置的专用阶梯，“回
游”性、不设置终点是其
关键之处。

与猫共同生活

近年来，越来越多的家庭在室内饲养宠物。特别是猫，在家中都有自己喜欢的散步路线，因此在墙壁上设置阶梯，并使猫在房梁上能够行走，这样可以锻炼它的超群的运动神经，在家中自由地运动。

关键点是不要设置猫路线的“终点”。另外，猫粮等的收纳场所和厕所与楼梯的设置相关。为了应对臭气，还需设置换气扇。

（丹羽）

壁龛的装修

壁龛即使在现代也经常被使用在时尚的日式住宅里。如果有壁龛，家中就变得华丽、有季节感。另外，将一整年的节日告诉给孩子，非常有趣。

最近，比起古时候就有的传统类型，简单构造的壁龛使用得更多。根据不同的场合，设计上也可以去掉壁龛立柱，从壁龛立柱、壁龛框、横木等上下功夫，可以制作更加漂亮华丽的壁龛。

（川口）

慎重选择壁龛的尺寸、材料

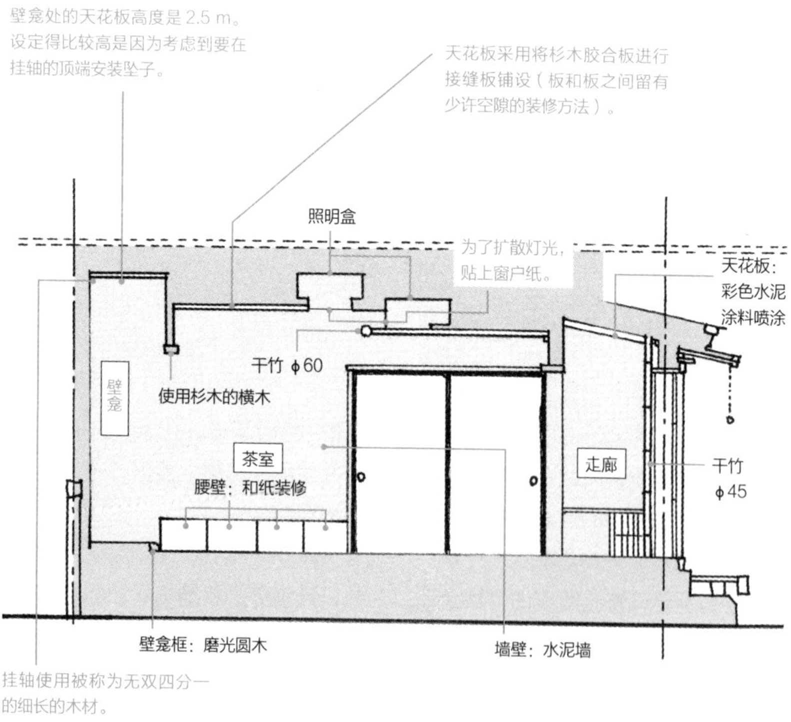

壁龛处的天花板高度是 2.5 m。设定得比较高是因为考虑到要在挂轴的顶端安装坠子。
天花板采用将杉木胶合板进行接缝板铺设（板和板之间留有少许空隙的装修方法）。
照明盒
为了扩散灯光，贴上窗户纸。
天花板：彩色水泥涂料喷涂
干竹 ϕ60
使用杉木的横木
壁龛
茶室
腰壁：和纸装修
走廊
干竹 ϕ45
壁龛框：磨光圆木
墙壁：水泥墙
挂轴使用被称为无双四分一的细长的木材。

隐藏边缘，窗周围变得干净整洁

采用隐形边缘的话，单侧拉门的外观看起来跟组合窗几乎没有区别，可以漂亮地截取外面的景色。

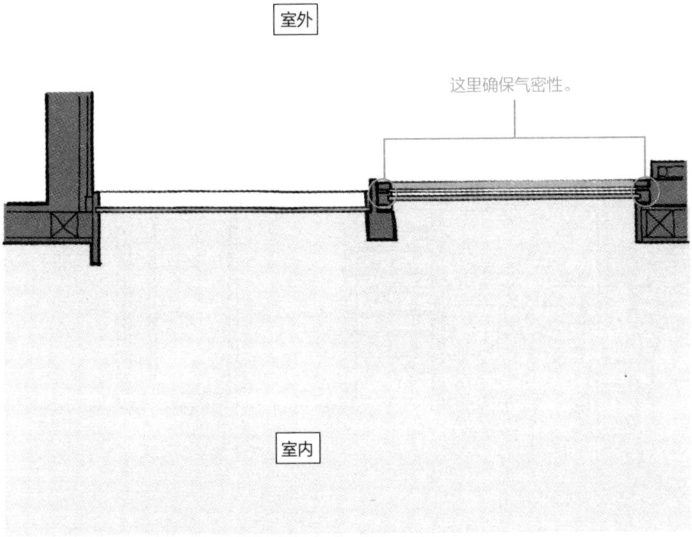

四周所有的框和门窗隔扇的相接宽度都为 30 mm 以上。

木制门窗隔扇的隐形边缘

虽然是制作品，木制门窗隔扇可以进行自由的设计，但是需要确保气密性。在一般的节点，门窗隔扇和门楣、门槛之间会产生小空隙，门窗隔扇的边缘用框子等隐藏起来的“隐形边缘”，可以轻松提高气密性。因为可移动部分和框的接触面积变大。

另外通过隐藏边缘，可以漂亮地截取外面的景色。如果采用双槽推拉门的话，外侧拉门和门框之间就会产生空隙，所以采用组合窗和单侧拉门的组合。

（松原）

用原创型门窗隔扇营造整体感

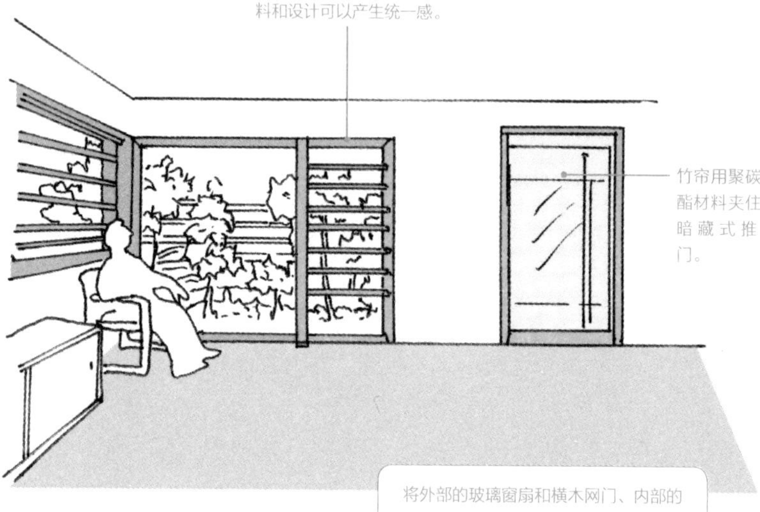
门窗隔扇有各种各样的用途，通过特殊的制作，材料和设计可以产生统一感。
竹帘用聚碳酸酯材料夹住的暗藏式推拉门。
将外部的玻璃窗扇和横木网门、内部的竹帘门拉进去后，气氛突变。

门扇采用暗藏式推拉门

暗藏式推拉门与单扇门相比，开闭的空间更小，开门后隐藏在墙中，所以不碍事，可以配合各种不同的用途和条件来打造。但是，制造门扇很容易受温度和湿度的影响，因此需要考虑应对变形和气密性。本案例中，在面对外部的玻璃窗扇和横木网门上设置深的房檐，一方面通过控制高度来应对变形，另一方面通过四周隐形边缘提高气密性。

为了让人享受到阵阵清风，并使空间具有开阔感，起居室和通道的门扇，选择用聚碳酸酯材料夹住竹帘的暗藏式推拉门。

（赤沼）

拉手的形状、大小、高度

家中有很多需要用手拉的地方，如拉门或收纳用的抽屉等。作为把手使用的拉手会因为高度或大小的不同，使用起来的便利程度也不同。在幼儿、老年人或残疾人使用的场合，要尽可能扩大拉手的宽度和深度。打造与门等高的沟槽，使用便利，外观也简洁大方。将门拉入墙壁内的场合，需要半回转式的拉手或略小于 30 mm 的小把手。抽屉的拉手要设置成可以用较小力气轻松拉出的形状和大小。

（菊池）

外观简洁大方。与门等高的沟槽作为拉手使用

非成品的、独创的、使用方便的、将门扇隔窗融为一体的拉手。高度、尺寸、形状配合住户的生活方式进行选择。

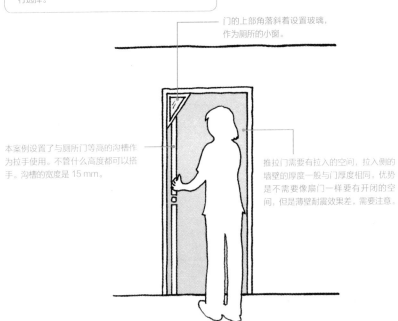

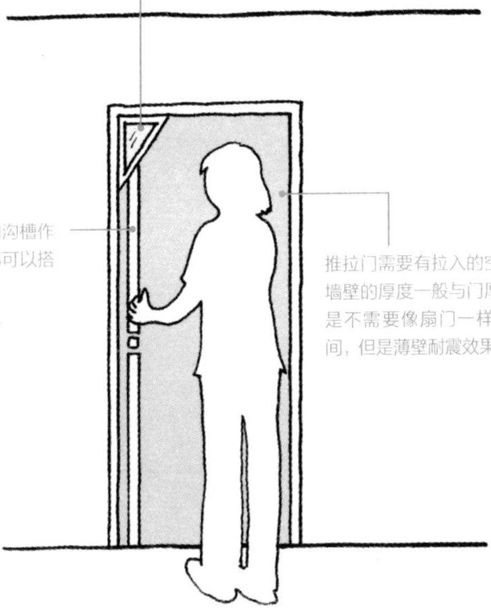

门的上部角落斜着设置玻璃，作为厕所的小窗。
本案例设置了与厕所门等高的沟槽作为拉手使用。不管什么高度都可以搭手。沟槽的宽度是 15 mm。
推拉门需要有拉入的空间，拉入侧的墙壁的厚度一般与门厚度相同。优势是不需要像扇门一样要有开闭的空间，但是薄壁耐震效果差，需要注意。

用水场所的五金

厨房、洗脸更衣室、浴室等用水空间的门窗隔扇的把手等处，是潮湿的手接触很多的地方。因此，经常使用污垢不显眼、不易生锈、容易清洁的正统设计的“不锈钢并经过砂光精处理”的五金把手。因为不用涂装和镀金，所以不用担心涂层脱落，可以长久保持美观。

一般的毛巾挂杆和卫生纸架等五金，也多采用不锈钢并经过砂光精处理，配合使用可以营造室内装修的统一感。

（伊泽）

使用耐水的不锈钢、经过砂光精处理的五金

砂光精处理指的是在包括不锈钢等的金属材料上制造无数条同方向的线痕（像发丝一样细）。其特征是根据光照射的不同，会散发出不同的光泽。金属材料中不锈钢耐水性强、不易生锈，所以特别适合作为用水场所的五金使用。

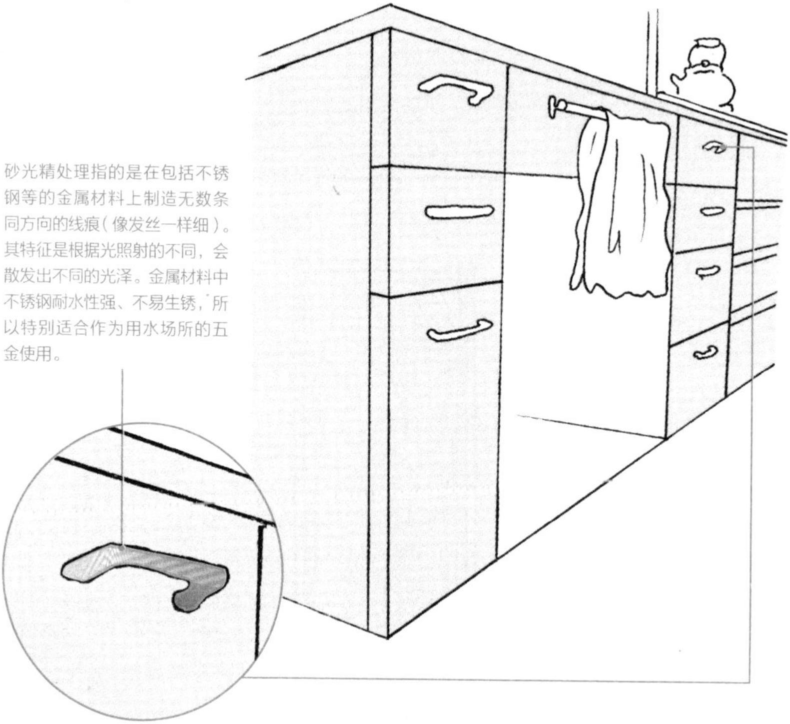

采用隐形铰链

内装门指的是门扇安装在门框内侧。外盖门指的是门扇安装在门框外侧，多见于壁橱等收纳门。

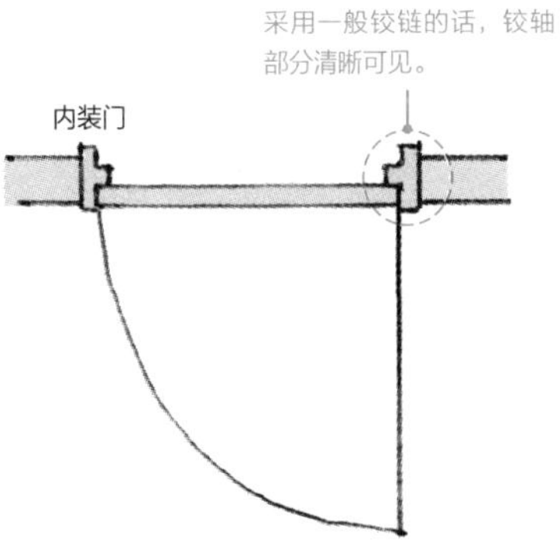

采用一般铰链的话，铰轴部分清晰可见。
内装门

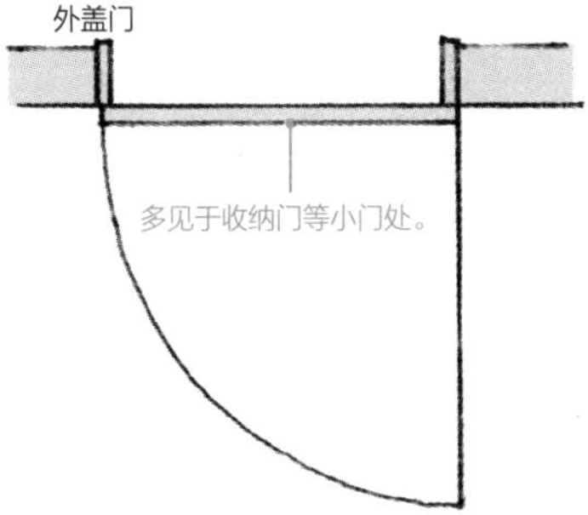

外盖门
多见于收纳门等小门处。

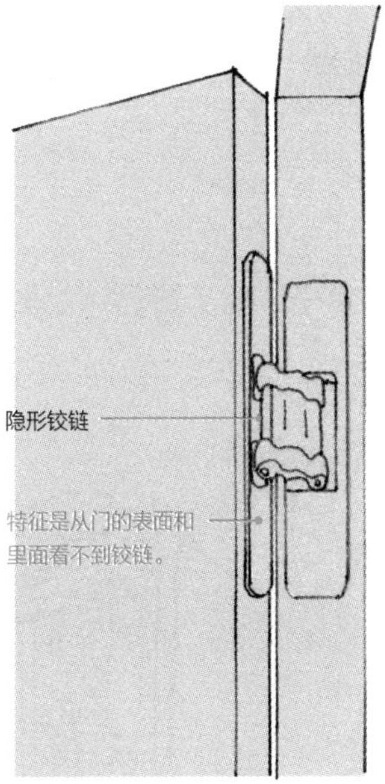

隐形铰链
特征是从门的表面和里面看不到铰链。

铰链的使用方法

单扇门和收纳门会使用到各种各样的铰链。内装门上通常使用旗铰或蝶铰，铰轴部分在门框和门之间清晰可见。如果不想使铰轴部分露出来，就要使用隐形铰链。收纳门等外盖门中，通常使用脱卸铰链，但其缺点是在长期使用过程中螺丝调节部分可能会错位，特别是像大的壁橱门因为比较重，铰轴部分容易错位，因此建议设置门框，将门设计成内装门。

（久保木）

浴室的转角窗

想要在浴室中设置可以使人一边泡在浴缸中一边欣赏外面的风景的开放的窗户。浴室的窗户也具有入浴时必要的采光和换气功能。

浴室作为私密的日常空间，可以使人身心得到放松。当然因为是要裸身的场所，需要考虑私密性，通过精小布局和种植设计，以及设置百叶窗等来遮住外部的视线。

（宫野）

通过转角窗享受美好的沐浴时光

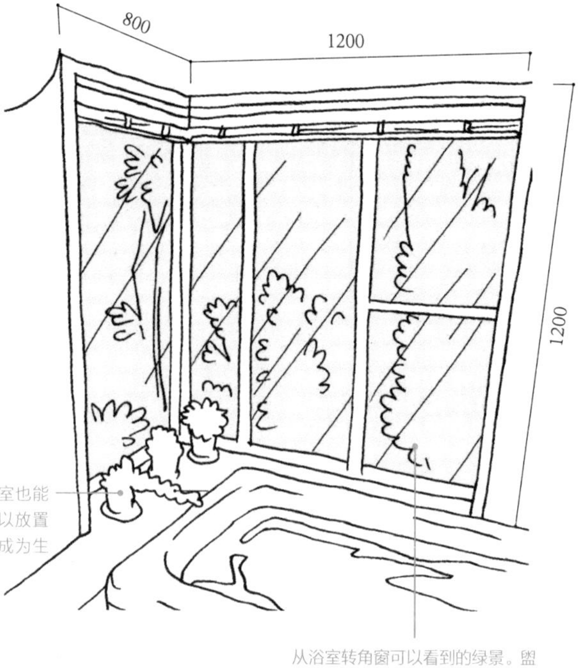

为了在狭窄的浴室也能欣赏到绿色，可以放置一些盆栽，使其成为生活的调剂品。

从浴室转角窗可以看到的绿景。盥洗更衣室被浴室和玻璃间隔开，跟浴室一样变成了明亮开放的空间。

在盥洗室正面安装采光窗

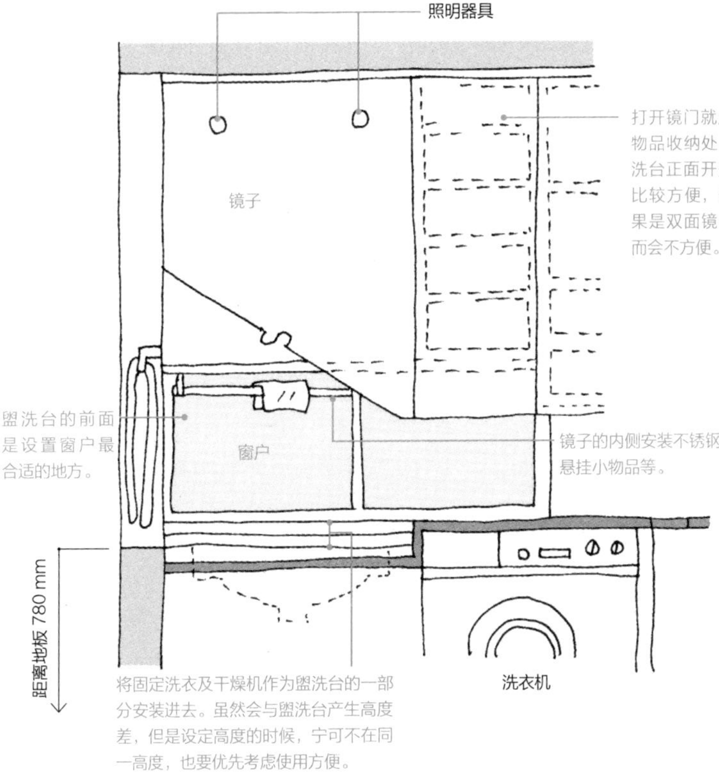

照明器具
打开镜门就成为了小物品收纳处。站在盥洗台正面开关镜门会比较方便，但是，如果是双面镜的话，反而会不方便。
镜子
盥洗台的前面是设置窗户最合适的地方。
窗户
镜子的内侧安装不锈钢管，用来悬挂小物品等。
距离地板 780 mm
将固定洗衣及干燥机作为盥洗台的一部分安装进去。虽然会与盥洗台产生高度差，但是设定高度的时候，宁可不在同一高度，也要优先考虑使用方便。
洗衣机

盥洗室的采光窗

在盥洗室要进行洗脸、刷牙、化妆等多项行为。除了需要小物品的收纳场所和镜子外，作为更衣场所，还需要亚麻布收纳处、挂毛巾的空间等。考虑到这些再进行设计，会发现整个墙面都被占用，几乎没有用来修建窗户的空间。唯一剩下的就是镜子和洗漱台之间的地方。在这里修建窗户的话，白天空间变得明亮，即使打开窗户，也不用担心会被外面的视线看到。

（本间）

北面的窗户

高 至天花板的窗户，可以很好地将光反射到天花板，室内采光更加良好。从北面照射进来的光，与从南面照射进来的强光不同，是柔和的光。北面一般作为住宅的背面，如果在住宅区的话，很多情况下是房子背面与邻居的庭院相邻。设置高侧窗，可以避开邻居的视线，又可以引进柔和的光线照射到天花板上。像这样根据不同的情况设置窗户，朝北的房间也可以变得明亮。

（小野）

从北面照射进来柔和的光

北面窗户的优势是可以获得柔和的光。

反射到天花板上的光可以扩散到北面的学习角。

高侧窗

架子

桌子

学习角

收纳架

起居室

500

600

700

550

1800

2000

350

夏

冬

南

北

做成高侧窗的话可以避开邻居的视线。

通过高至天花板的窗户进行采光，将光反射到天花板上。

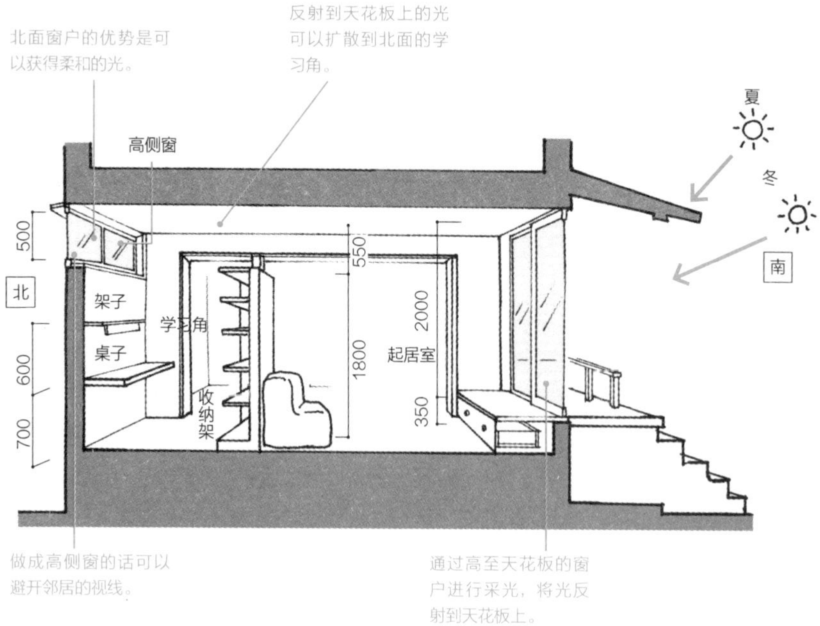

通过宽度超过 3 m 的窗户感受开放感

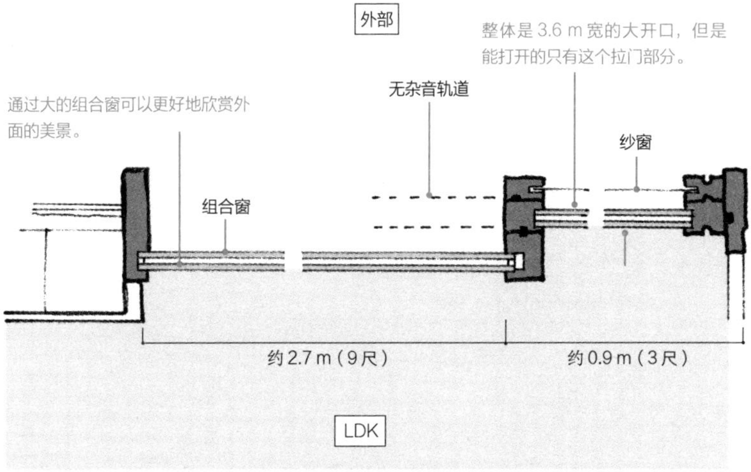
外部
整体是 3.6 m 宽的大开口，但是能打开的只有这个拉门部分。
无杂音轨道
通过大的组合窗可以更好地欣赏外面的美景。
纱窗
组合窗
约 2.7 m（9 尺）
约 0.9 m（3 尺）
LDK

整体是宽约 3.6 m（12 尺）的大开口，是由组合窗和拉门构成的木制门窗。通过建造大的组合窗，减少可移动部分，来提高气密性，防止木头的翘曲变形。

无框的大开口

如果想要建造明亮开阔的住宅，当然开口部就要变大。一般能想到的大开口都是宽约 3.6 m（12 尺），安装成品铝制窗框的 4 面的推拉窗。但是，我推荐的是约 2.7 m（9 尺）的组合窗和推拉门的木制门窗组合。如果采用 4 面的推拉窗的话，关上的时候，纵条太多，会破坏景色的观感。减少门窗的面数，不仅看起来更美观，而且提高气密性，也可以降低弯曲的风险。

（根来）

通过长方形窗户有效利用房间

如果在高处设置长方形窗户的话，窗下的墙壁空间就会显得宽敞。在小房间墙壁空间也很重要，家具和床的布局也比较容易进行。

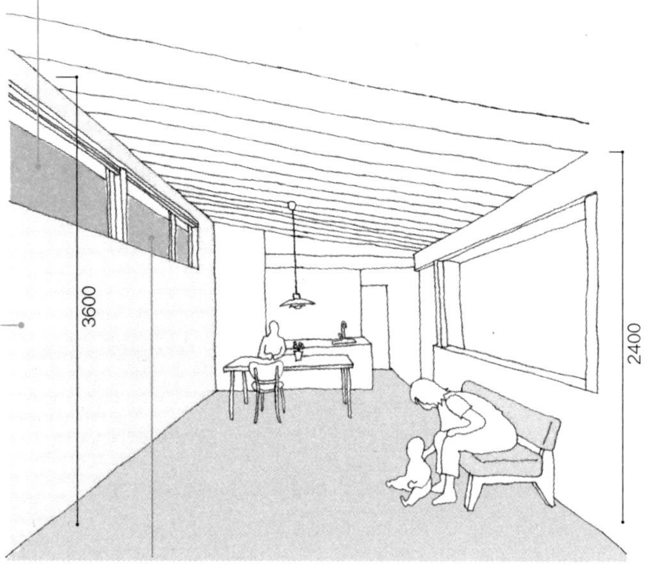

可以利用这面墙壁放置电视机或家具。

高处设置的长方形窗户。越过窗户可以看到蓝天，看不到杂乱的街道。

长方形连窗

在景色优美的郊外打造长方形连窗（*），视线可以横向移动，欣赏到全景立体画般的景色。在市区，通过在天花板附近设置长方形连窗，既可以避开外界的视线，又可以感受到阳光与蓝天。另外，在地板面积有限的情况下，设置长方形窗户，可以有效利用窗下的墙壁，也比较容易进行家具的布局。虽然按照防火方面的规定在准防火区域可能没办法设置连窗，但是该手法可以作为设计灵感继续采用。

（石黑）

* 连窗：多个窗户横着排在一起的窗户。

营造出和风的圆形窗

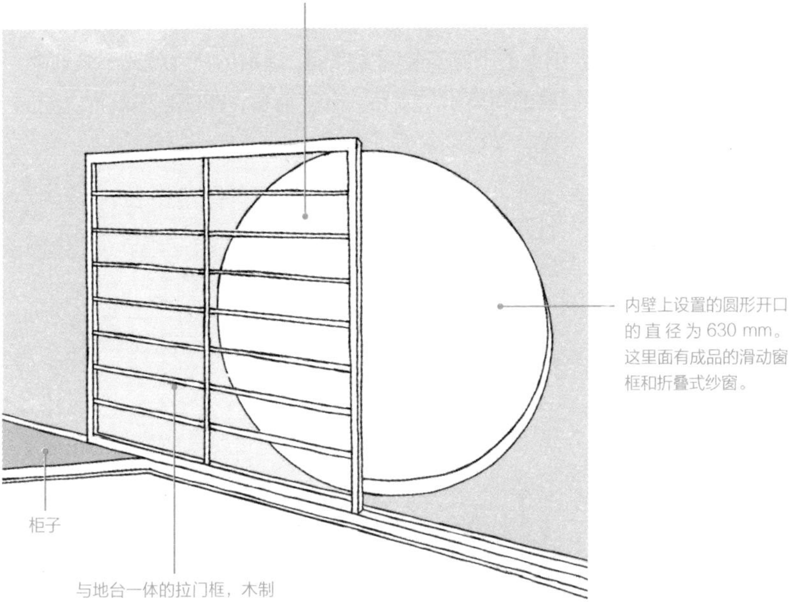
映照在隔扇上的圆形阴影营造出和风。
内壁上设置的圆形开口的直径为630 mm。这里面有成品的滑动窗框和折叠式纱窗。
柜子
与地台一体的拉门框，木制的隔扇可以被打开。

圆形窗

在低造价住宅的榻榻米房间里建造开口的灵感来源于住户想要设置圆形窗和隔扇的强烈愿望。如果将窗框和隔扇等制作成圆形，成本过高。因此，不是将门窗隔扇制作成圆形，而是将内墙设计成圆形，开口部位的光线产生的阴影，映照在隔扇上形成圆形。这样窗框和纱窗仍然可以使用成品，只需花费内壁的修建费即可设计出圆形窗。圆形窗和隔扇的组合可以呈现各种各样的外观。

（杉浦）

避开邻居视线的地窗

与邻居距离很近的住宅，建议采用地窗。这样可以不必在意邻居家的窗户位置和视线，又可以进行采光和通风。窗户的上方还可以设计成收纳处。另外，如图所示，在收纳处的下方安装间接照明，地窗的窗台就成了装饰架。在市中心，通常与邻居家的距离不足 1 m，有了地窗，即使是建筑物之间的狭小间隙也可以进行采光，又可以营造进深感。

（根来）

通过地窗创造展示台

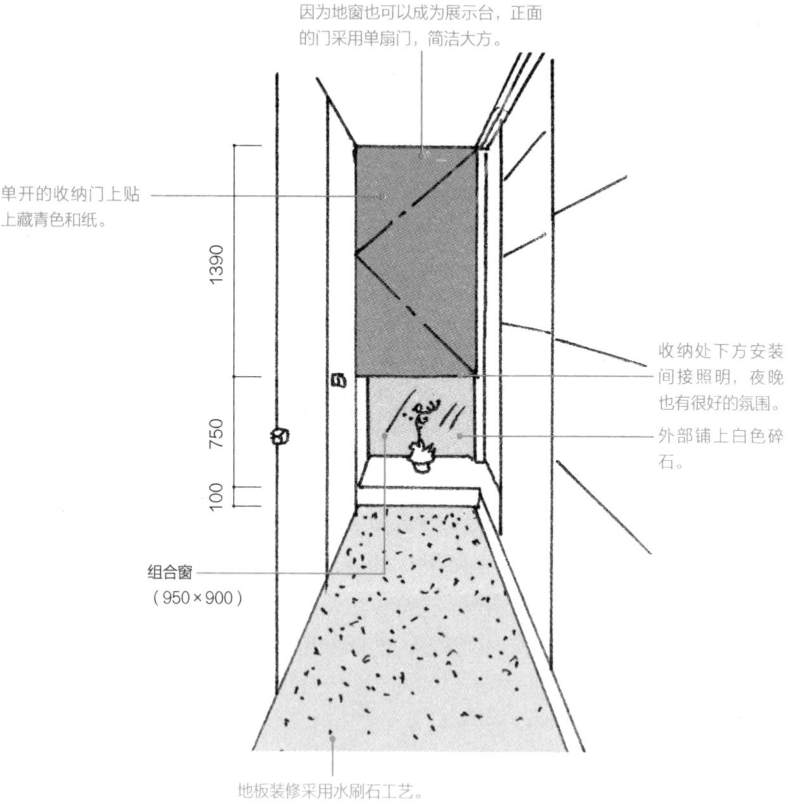
因为地窗也可以成为展示台，正面的门采用单扇门，简洁大方。
单开的收纳门上贴上藏青色和纸。
1390
750
100
收纳处下方安装间接照明，夜晚也有很好的氛围。
外部铺上白色碎石。
组合窗
（950×900）
地板装修采用水刷石工艺。

双槽推拉窗框用作单侧推拉

将双槽推拉窗框作为单侧推拉使用，是为了将纱窗收进墙壁内侧，漂亮地截取外面的景色。因为窗框的一侧固定在墙壁外侧，所以要放入铝合金护墙板，设法与墙壁的装修统一起来。节点上易产生问题的地方都是墙壁材料和铝合金窗框的衔接部分，可通过将墙壁增厚来应对。打开窗户时窗户的铝制框几乎看不到，使整个空间看起来干净利落。

（松原）

漂亮地截取窗外的风景的单侧推拉窗

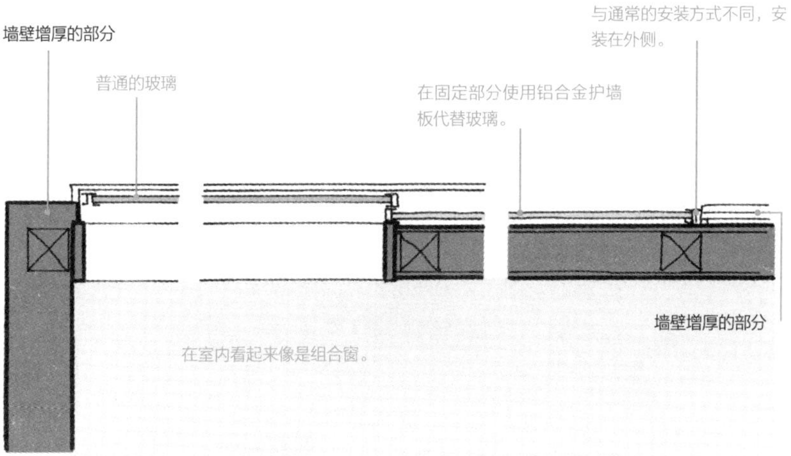

墙壁增厚的部分
普通的玻璃
在固定部分使用铝合金护墙板代替玻璃。
与通常的安装方式不同，安装在外侧。
墙壁增厚的部分
在室内看起来像是组合窗。

格窗

格窗，不仅极具设计感，也很让人期待其功能上的优势。比如，在铝制窗框的外侧安装格子推拉门窗时，在格窗上安装窗锁。关上格窗，在夏季的夜晚外面气温稍低的时候，既可以防盗又可以放进凉爽的风。采用格窗，既有遮挡外部视线的效果，在夜间又可以换气和通风，充分发挥了其本来的作用。

（石黑）

让格窗充分发挥其功能，同时又成为时尚的设计

多亏了带锁的格窗，在夏季的夜晚既可以防盗，又可以很好地通风。另外，这个格窗可以收入墙壁内侧，窗户也可以实现全开。

格窗有遮挡外部视线的功能，因此在1楼的左右两侧都设有格窗。有两处开口有利于通风。

用带有空隙的镶板制作通风良好的窗套

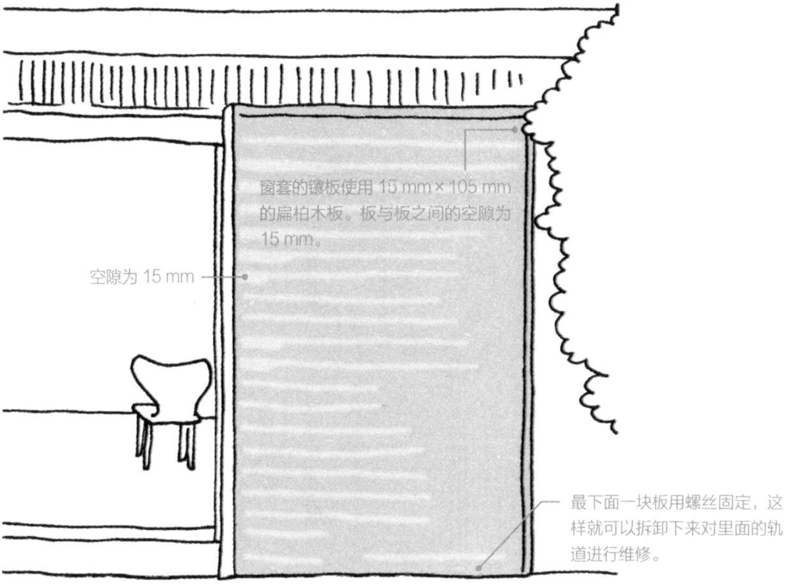

窗套的镶板使用 15 mm × 105 mm 的扁柏木板。板与板之间的空隙为 15 mm。
空隙为 15 mm
最下面一块板用螺丝固定，这样就可以拆卸下来对里面的轨道进行维修。

防雨窗套

木制门窗的防雨窗套，通常为了不弄脏门窗而在外面关上窗盖。考虑到维修方面，窗套内的轨道要设置在手能够到的地方。因此，镶板设计成留有空隙的横纹板，最下面的一块设计成可以通过螺丝拆卸的。在山间的住宅如果完全关上窗套的话，可能会被虫蛀，所以板和板之间的空隙要做大一些，保持窗套内的明亮和通风。

另外，铝制窗框附带的成品窗套不适合木制住宅，因此可以使用无镶板的成品，并用木板遮盖。

（松原）

不仅仅是储物处的玄关四周

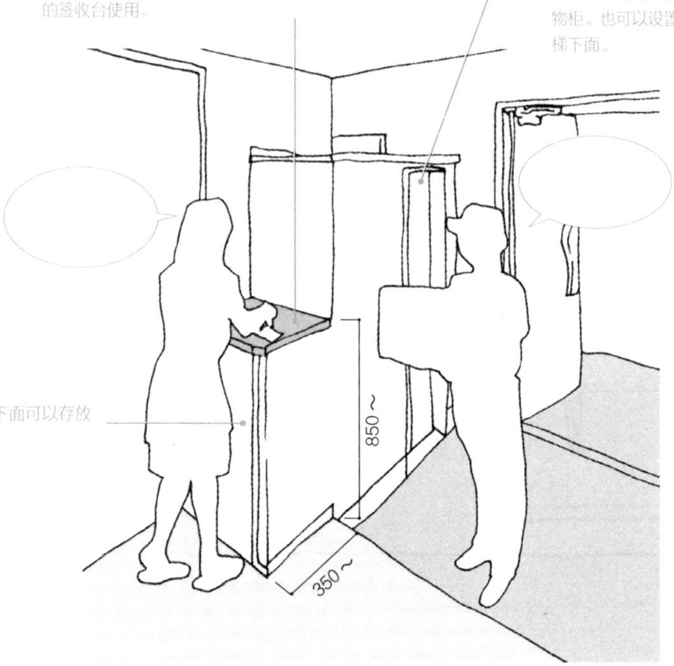
装饰架可以在收快递时当作签字或盖章的签收台使用。
在出入口处的旁边设置存放鞋子或雨伞的大储物柜。也可以设置在楼梯下面。
装饰架的下面可以存放拖鞋等。
850～
350～

玄关四周

玄关四周通常放满各式各样的鞋子。地面上放着平时穿的鞋子，门厅上放着拖鞋，鞋柜里放着婚丧节日用的鞋子等。除此之外还需要存放伞、外套、钥匙等。

尽管这样，玄关四周也不能完全用来储物。在其中设置空白，同时也要有可以摆放花草或画作的地方。这个可以灵活应用，装饰架可以用来暂时放置邮包，有时又可以在收快递时作为签收台使用。

（田中）

玄关处的内开门

以推拉门为中心的日本住宅，在引进单扇门的过程中，外开门成了主流。然而，玄关设计成内开门不仅能提高防盗性，而且能顺畅地招待客人进屋。采用内开门，开门时客人不需要往后退，可以直接进屋，屋内的人也不需要距离门很远就可以打开门。因此，我认为内开门才应该是玄关的门应有的“姿态”。

（田代）

方便客人的内开门

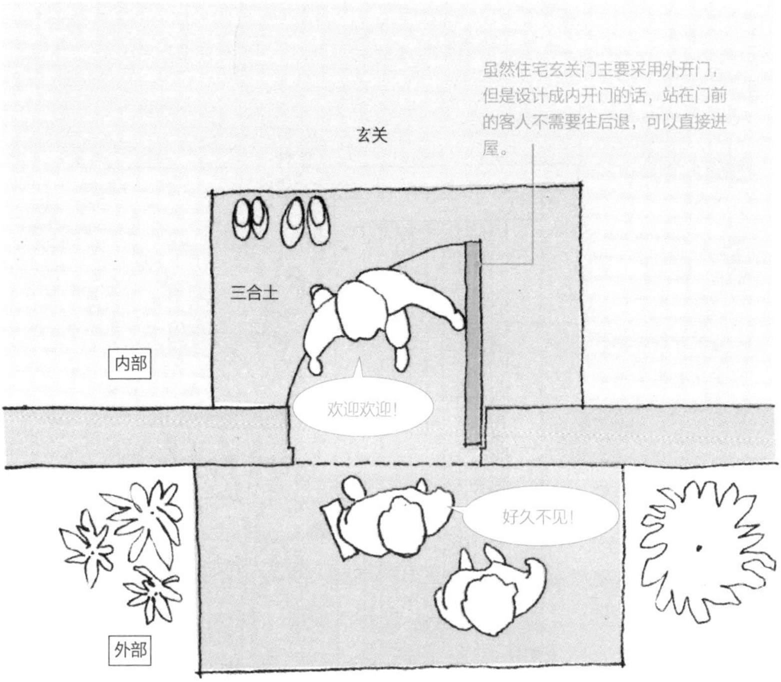

虽然住宅玄关门主要采用外开门，但是设计成内开门的话，站在门前的客人不需要往后退，可以直接进屋。
玄关
三合土
内部
欢迎欢迎！
好久不见！
外部

5 木制玄关

玄关门被称为住宅的“颜面”，我想要其设计与众不同。如果采用木材，即使是定制的也不需要太高价钱。可能有人一听是木制的就会担心其防火性能，但是最近木材在防火性能方面不断地得到改良。即使是有燃烧风险的木门，内部嵌入厚 0.8 mm 的铁板后，木制的防火门也可以合理地应用。作为迎客用的玄关门，木材所营造的柔和感，是其他材质的门无法替代的。

（落合）

可以制作成防火门的木制玄关门

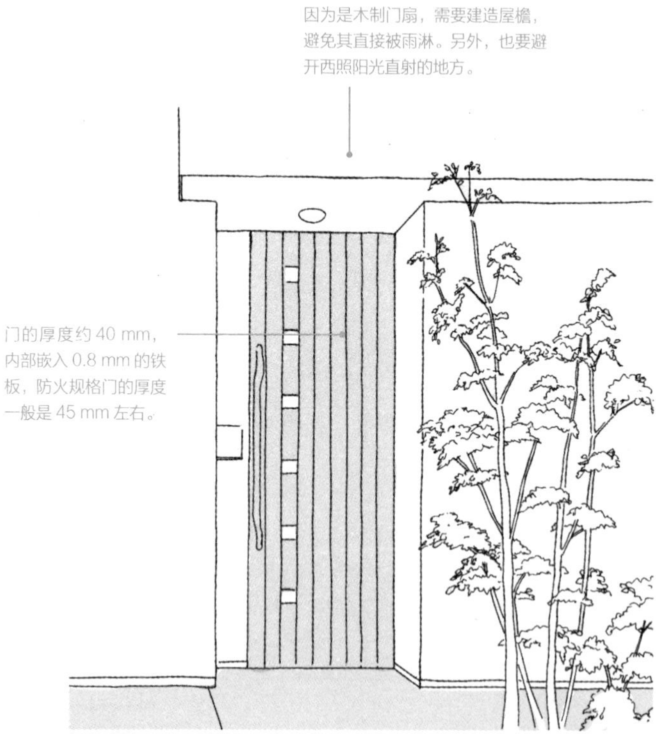

因为是木制门扇，需要建造屋檐，避免其直接被雨淋。另外，也要避开西照阳光直射的地方。
门的厚度约 40 mm，内部嵌入 0.8 mm 的铁板，防火规格门的厚度一般是 45 mm 左右。

抬高通道防御积雪

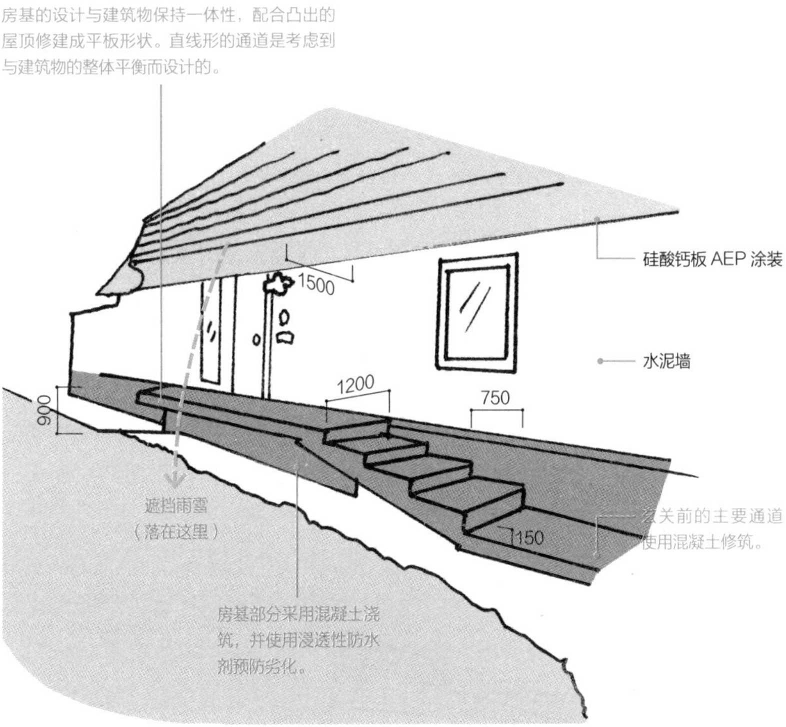

房基的设计与建筑物保持一体性，配合凸出的屋顶修建成平板形状。直线形的通道是考虑到与建筑物的整体平衡而设计的。
硅酸钙板 AEP 涂装
1500
水泥墙
1200
750
900
遮挡雨雪
（落在这里）
150
玄关前的主要通道使用混凝土修筑。
房基部分采用混凝土浇筑，并使用浸透性防水剂预防劣化。

防御大雪

在积雪地区，将玄关前的通道沿着建筑物设置在屋檐下，建议如上图所示将玄关设置在高处（距离地面 900 mm）。该建筑物位于长野县中北部，在这种严寒地带，积雪量会在短时间内达到警戒值，设计房子时要考虑到这种情况。因此地面到 1 楼地板的高度要高于积雪预测量，这样不仅可以防止积雪侵入，更是考虑到高房基构造体的安全性。这是以避难为优先，并确保生活动线的对策。另外，为通道遮雨的大屋顶要凸出 1500 mm，这种设计充分考虑了功能性，能遮风挡雨，让住户安心地生活。

（山下）

玄关通道的长度

建造这个住宅的土地形状像“鳗鱼的睡床”。因为其形状细长，相应建筑物也不得不设计成纵长形状。在研究平面布局时，如果在道路的附近设置玄关，就会形成向里的长廊。为了避免这种情况出现，可以在建筑物的中心设置玄关、门厅以及楼梯室。

在迎接家里很重要的客人时，玄关通道是具有重要意义的地方。在决定对这个家的印象的长通道上面，设置了屋檐。

（山下）

给人深刻印象的长玄关通道的屋檐

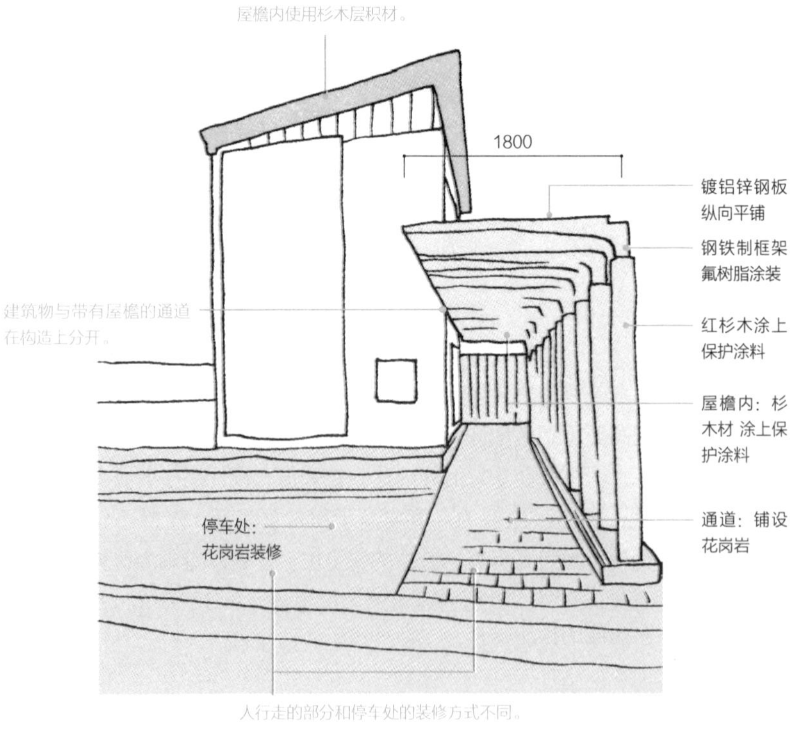

屋檐内使用杉木层积材。
1800
镀铝锌钢板纵向平铺
钢铁制框架氟树脂涂装
建筑物与带有屋檐的通道在构造上分开。
红杉木涂上保护涂料
屋檐内：杉木材 涂上保护涂料
停车处：花岗岩装修
通道：铺设花岗岩
人行走的部分和停车处的装修方式不同。

通过双重锁让小偷放弃进入

内侧也安装锁孔，可以有效防盗。当然外侧也安装同样的锁孔。

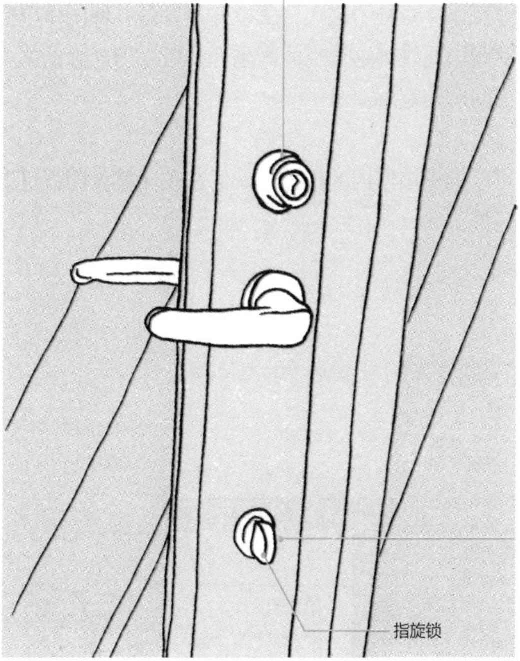
内部上锁、解锁时使用。
指旋锁

用钥匙开关不太方便，所以内部上锁、解锁时使用下方的指旋锁。外出时上下方都上锁。

玄关锁

有一种说法，小偷入侵花费的时间是 5 分钟，超过 5 分钟还没成功的话三分之二的小偷会放弃进入。虽然只要花时间防盗玻璃门和双重锁都可能被破坏，但是所花费的时间能够有效防止小偷入侵。小偷破坏玄关处的玻璃门入侵的时候，并不是大范围地破坏玻璃门再进去，而是在玻璃门上开个洞将手伸进去，旋转内侧的指旋锁打开门后进去。为了防止这种现象，内、外侧都安装同样的锁孔，这样即使手伸进去也无法解锁。

（诸角）

5 挡风的玄关

在日本，因为有脱鞋后进入室内的习惯，所以几乎所有住宅的玄关都是水泥地。水泥地可以穿着鞋子进入，所以并不算是纯粹的室内空间，而是有些界定不清的空间。通过将这个空间间隔开，可以为前面的玄关门厅和走廊营造一种室内空间的安定感。

间隔装置采用可以推进墙壁内的推拉门。通过关闭推拉门，可以将从玄关潜入的寒风关在门外。

（本间）

可以用推拉门间隔开的玄关处的水泥地

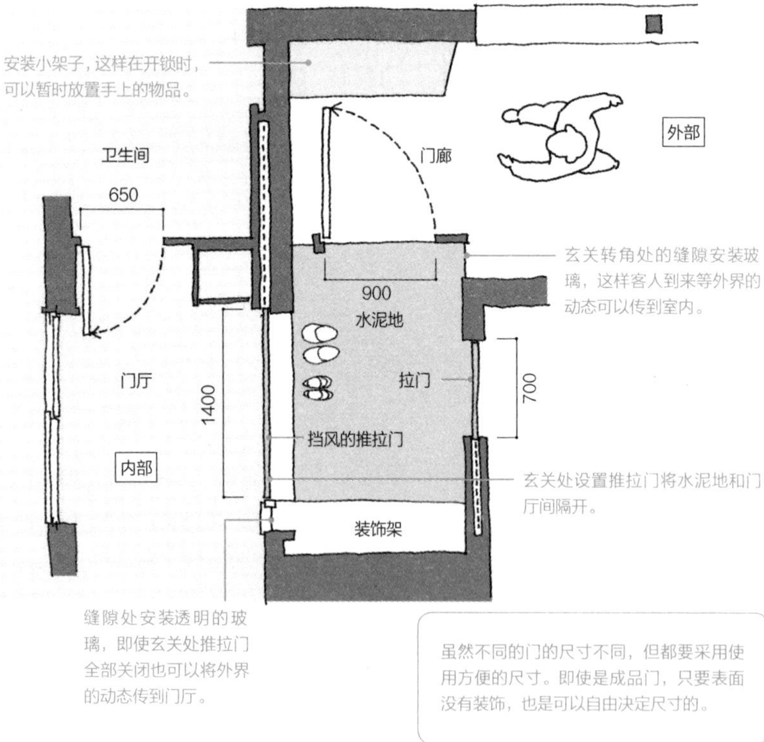

安装小架子，这样在开锁时，可以暂时放置手上的物品。
外部
门廊
卫生间
650
900
水泥地
玄关转角处的缝隙安装玻璃，这样客人到来等外界的动态可以传到室内。
门厅
拉门
700
1400
挡风的推拉门
内部
玄关处设置推拉门将水泥地和门厅间隔开。
装饰架
缝隙处安装透明的玻璃，即使玄关处推拉门全部关闭也可以将外界的动态传到门厅。

虽然不同的门的尺寸不同，但都要采用使用方便的尺寸。即使是成品门，只要表面没有装饰，也是可以自由决定尺寸的。

建议使用轻松开关的执手锁

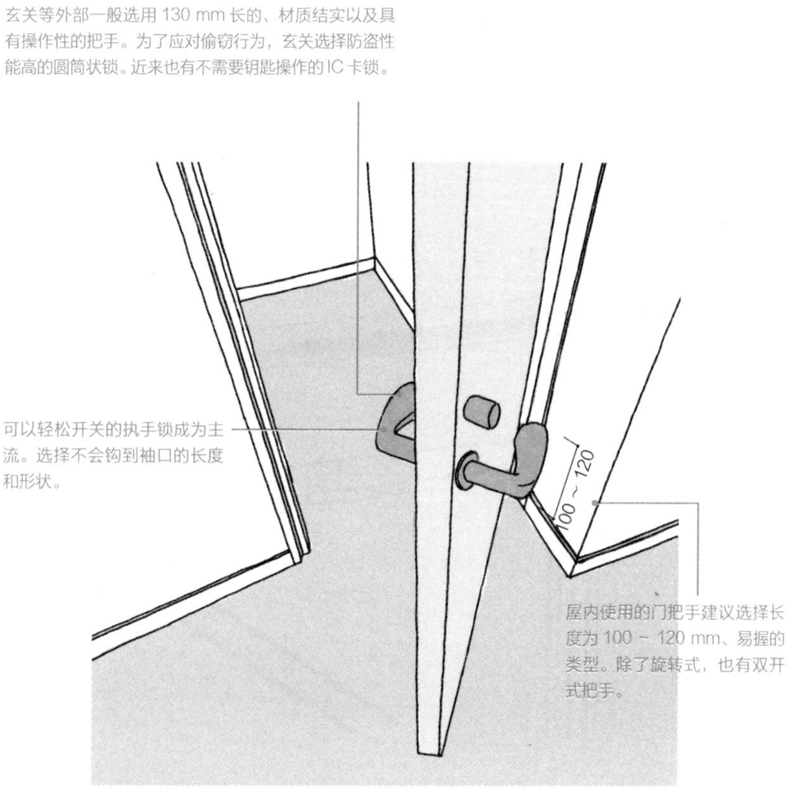

玄关等外部一般选用 130 mm 长的、材质结实以及具有操作性的把手。为了应对偷窃行为，玄关选择防盗性能高的圆筒状锁。近来也有不需要钥匙操作的 IC 卡锁。
可以轻松开关的执手锁成为主流。选择不会钩到袖口的长度和形状。
100 ~ 120
屋内使用的门把手建议选择长度为 100 ~ 120 mm、易握的类型。除了旋转式，也有双开式把手。

门把手的形状和高度

一天中要多次使用的门把手，其形状和高度不仅会影响使用，而且还是营造家庭气氛的要素之一。考虑到从幼儿到老人都可以方便使用，高度选定为距离地板 800~1000 mm。除了要考虑与门大小的匹配，屋内用的把手要比玄关用的把手小，并且重要的一点是要易握、不费力。另外，从防盗性和隐私性角度出发，确定锁的种类和设置场所。玄关的锁，有自动锁、IC 卡锁等不同种类，选择符合自己生活方式的锁。

（菊池）

会影响屋顶设计感的重要部位

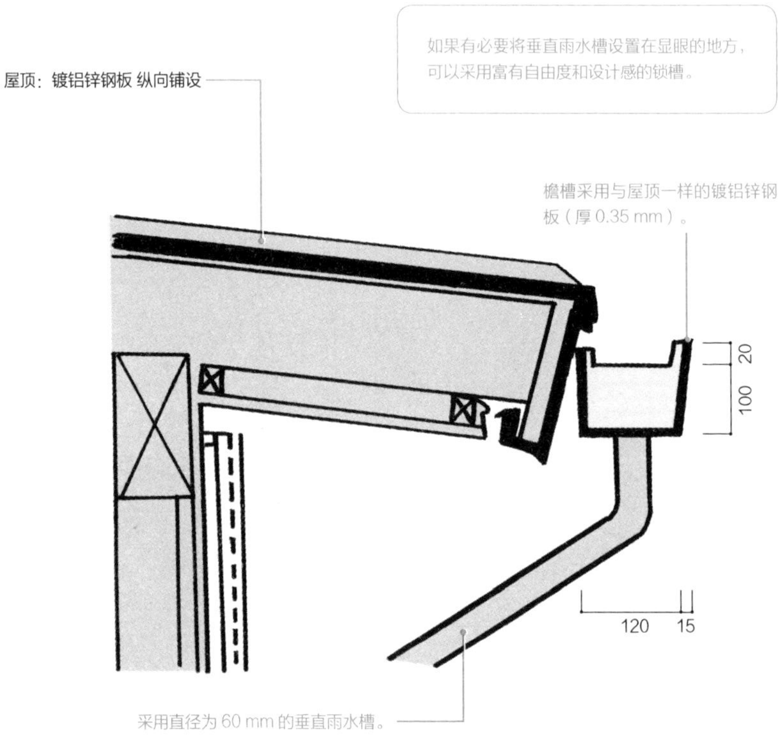
如果有必要将垂直雨水槽设置在显眼的地方，可以采用富有自由度和设计感的锁槽。
屋顶：镀铝锌钢板 纵向铺设
檐槽采用与屋顶一样的镀铝锌钢板（厚 0.35 mm）。
20
100
120
15
采用直径为 60 mm 的垂直雨水槽。

雨水槽

雨水槽是在设计上需要下功夫的部分。不仅要研究其位置及形式，还要研究其材料和形状。首先，要根据屋顶的形状计算雨水量，决定垂直雨水槽的位置和尺寸。垂直雨水槽要在必要位置上笔直自然地下垂。与雨水斗连接的时候要更加注意。檐槽会影响屋顶的设计感，所以如果屋顶采用金属板铺设而成，檐槽也要用同一种材料制作，保持协调感。

另外，为了避免檐槽里积满落叶，设计时还要考虑树木的位置。

（坂东）

第6章

环境

本章以环境为主题，介绍采光、通风、温热环境等建造住宅的重要因素。冬暖夏凉，又节能，是住宅的基本性能，但并不需要完全依赖设备机器，有很多地方都可以在设计上下功夫解决。有效利用设备机器，再加上建筑师特有的设计方案，可为空间锦上添花。本章将为大家一一介绍在解读用地情况，仔细研究建材、设备等过程中产生的“执着之处”。

（石黑）

6 早晨，明亮的厨房

环境

建议将吃饭、看报纸的厨房空间设置在早晨太阳照射的明亮的窗边。当人的身体沐浴在清晨的阳光中时，就好像打开了活动的开关，可以开启美好的一天。如果东侧与邻居相邻，无法通过窗户采光的话，可建造小的挑高空间，设置天窗等，从上部采光。另外，厨房照明建议采用从天花板垂下来的吊灯。

（丹羽）

厨房设置在清晨阳光照射的地方

顶灯具有“每缩小二分之一距离光亮就扩大四倍”的特性。可以设置调光器来控制光亮度。

沐浴在清晨阳光中的餐桌。

如果东侧修建窗户也无法采光，建议设置顶灯。

设计外出时也能通风的窗户

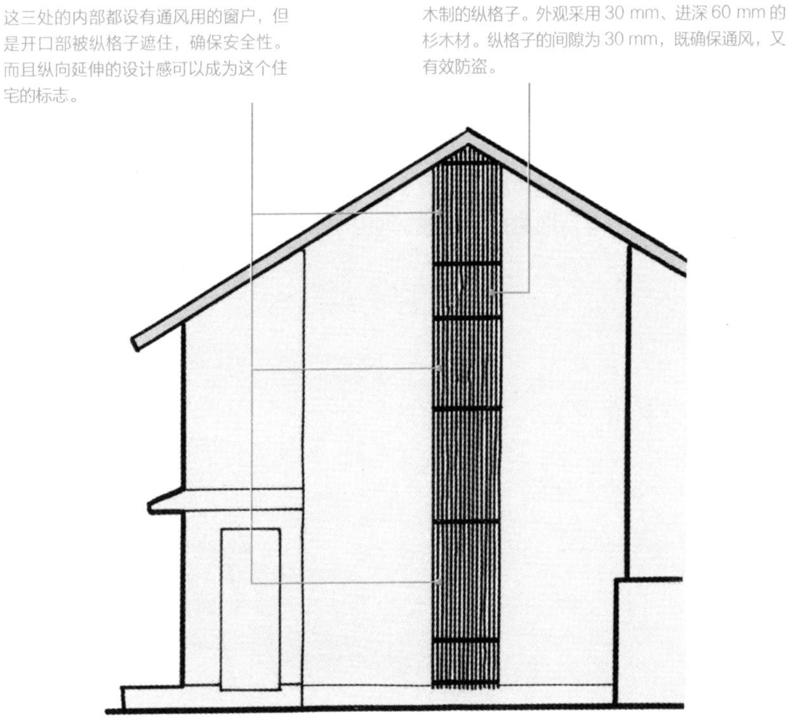
这三处的内部都设有通风用的窗户，但是开口部被纵格子遮住，确保安全性。而且纵向延伸的设计感可以成为这个住宅的标志。
木制的纵格子。外观采用 30 mm、进深 60 mm 的杉木材。纵格子的间隙为 30 mm，既确保通风，又有效防盗。

外出时的通风

回到家一打开门时的不舒服感，是空气不流通造成的。为了避免这种情况，必须进行通风。最少要设置两三处在外出时打开并且不用担心安保问题的窗户，确保有效的通风路径。其中一处经常采用带有通风口的后门。带有网格和纱窗的可上下移动的窗户半开着的状态下锁上门。另外，如上图所示，配合外观的设计设置通风用的窗户。在落地窗的前面设置细长的栏杆，防止人进入。

（坂东）

6 居住感觉

在1楼建造大的单间，在配置LDK时，为了不使空间显得单调，在“居住感觉”设计上有抑有扬。有高侧窗和天窗的厨房，不仅能将光亮传递给起居室，也能让人感受到光线变化。

另外，光线扩散至楼上的窗户，营造了住宅的整体感。起居室的层高落差既方便家人沟通，又适当地遮挡了视线，使居住感觉更加舒适。

（松本）

成为居住中心的大空间

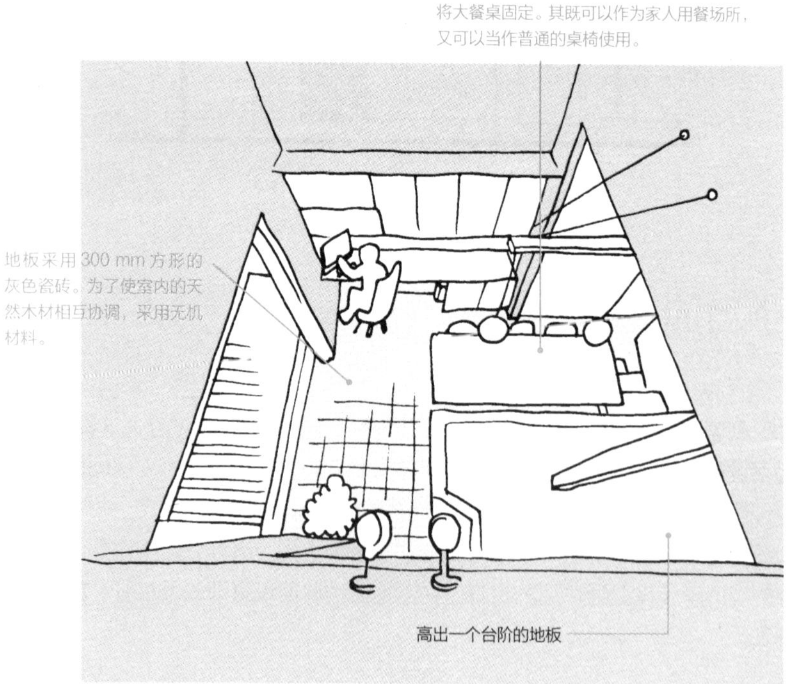
将大餐桌固定。其既可以作为家人用餐场所，又可以当作普通的桌椅使用。
地板采用300 mm方形的灰色瓷砖。为了使室内的天然木材相互协调，采用无机材料。
高出一个台阶的地板

在容易被滞后考虑的厕所设置天窗

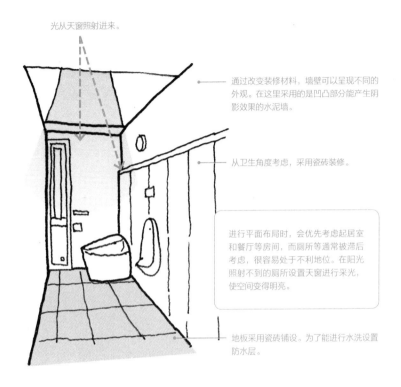

光从天窗照射进来。
通过改变装修材料，墙壁可以呈现不同的外观。在这里采用的是凹凸部分能产生阴影效果的水泥墙。
从卫生角度考虑，采用瓷砖装修。
进行平面布局时，会优先考虑起居室和餐厅等房间，而厕所等通常被滞后考虑，很容易处于不利地位。在阳光照射不到的厕所设置天窗进行采光，使空间变得明亮。
地板采用瓷砖铺设。为了能进行水洗设置防水层。

在处于不利地位的房间内设置天窗

布局规划决定住宅的舒适与否。最先研究的是与用地密切相关的玄关，然后是需要通风、采光的起居室和厨房。这样的话，以厕所为代表的盥洗室、更衣室、浴室等用水场所在很大程度上会被滞后考虑，通风、采光也变得困难。

解决这个问题的对策是设置天窗。采用天窗的话，既不用在意邻居的视线，又保证采光充分以及空气对流。

（山下）

隐密性与开放感并存

如果能保护好隐私，不用担心被邻居或路人看到，就可享受到与屋外空间的一体感。虽然如此，在密集的居住环境中，想要实现这个目标很难。如果不采取有效措施的话，那只能白天都要放下窗帘困在屋内了。建议在家人聚集的共享空间，营造比较开放的环境。比如，面对2楼起居室的阳台。可以说兼作围墙的植物是城市中仅存的自然了。

（松本）

感受开放感的同时保护好隐私

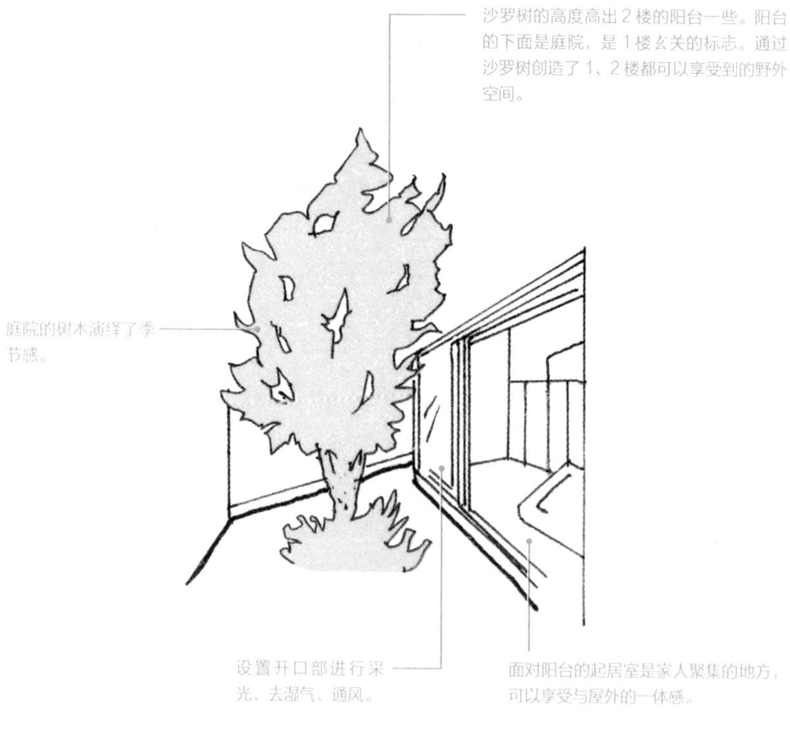
沙罗树的高度高出2楼的阳台一些。阳台的下面是庭院，是1楼玄关的标志。通过沙罗树创造了1、2楼都可以享受到的野外空间。
庭院的树木演绎了季节感。
设置开口部进行采光、去湿气、通风。
面对阳台的起居室是家人聚集的地方，可以享受与屋外的一体感。

土地蕴含的力量

土地反映了当地的历史，蕴含着不同的力量。力量指的是当地特有的风光。当地的风景就是其中一种力量。从脚下石堆中绽放的小野花，到附近的绿景，以及数百米后的高山上郁郁葱葱的绿景等，都是当地特有的风景。

我不断追求充分利用土地力量的家居设计，希望能打造出与大自然融为一体的住宅。

（高野）

充分利用土地蕴含的力量

从南侧眺望北面的庭院时，可以欣赏到“沐浴”在阳光下的树木。南面的阳光照射在东面的庭院时也非常漂亮。南面庭院有南面庭院的魅力，东庭、西庭也有各自的魅力。在其中种植适合的植物，保持协调。

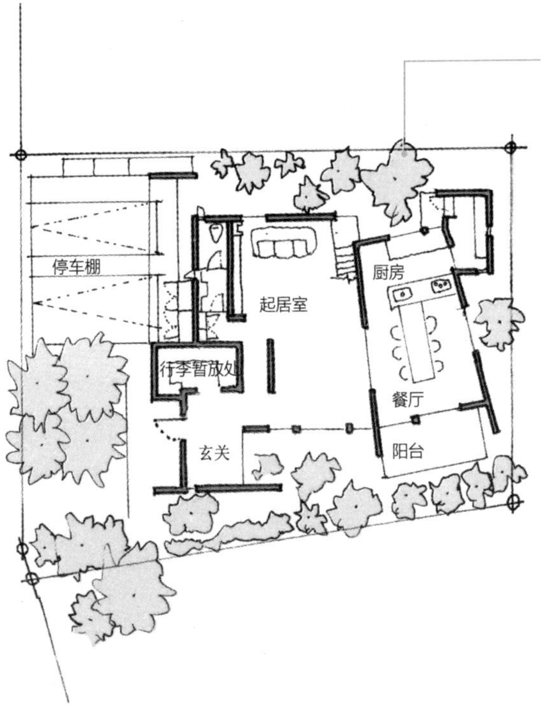

这个住宅东南西北都有庭院，这并不特别。在这一带，以前人们都把房子建造在杂树丛中，住宅设计的灵感就是来源于此。

6 环境

充分利用夏季盛行风的房间布局

据说，风速每增加 1 m/s，体感温度就会降低 1 ℃。为了在住宅中舒适地度过夏季白天，首先要遮挡太阳光，还要充分利用盛行风（*）。在日本关东地区，为了让盛行风直接吹到室内，建议将起居室和餐厅呈南北方向排列。在住宅的南侧和北侧设置调节风量的开口部后，就完成了准备工作。另外，通过沿着风向配置家具等措施，尝试将盛行风的风向运用到设计中去。

（野口）

盛行风从南面吹向北面

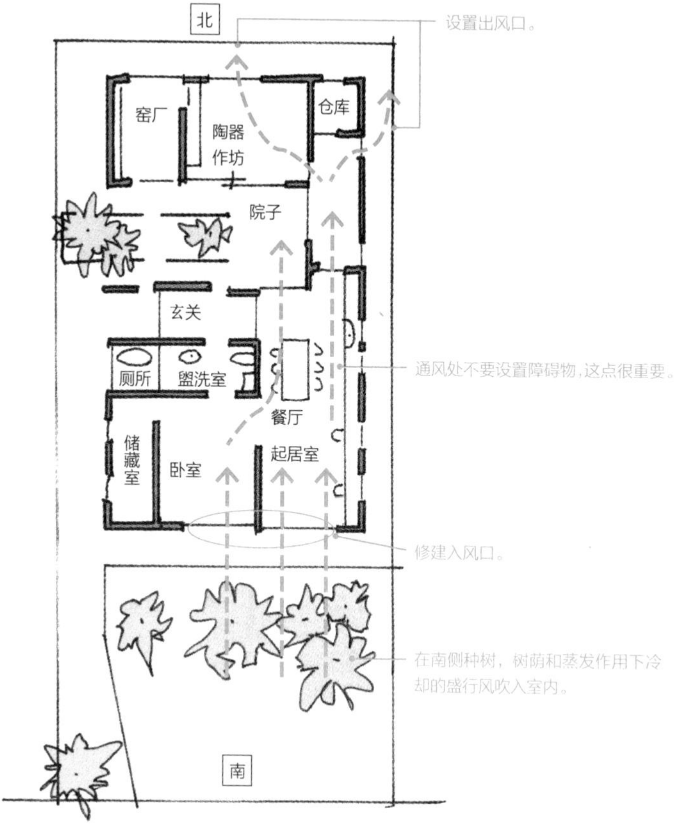

* 盛行风：是指在一个地区某一季节内按一定方向出现频数最多的风，昼夜风向相反。

为了使墙壁内部不产生结露，建议使用石棉

玻璃棉和石棉在呈垫子状时，外观看起来几乎一样。通常人们会在施工现场确认垫子上有无“石棉”标识。

隔热材的性价比和性能

隔热材在施工时需要特别注意，稍有不慎湿气就可能侵入，造成墙壁内部产生结露。

玻璃棉等隔热材在性价比上很占优势，但是沾上湿气后隔热性能就会下降。特别是玻璃棉，一旦弄湿即使干燥后隔热性能也无法恢复。石棉干燥后可以一定程度地恢复隔热性能，所以虽然价格稍微贵点，但却可以安心使用。

（古川）

6 不进行防腐、防虫处理

自木制住宅开始建造起，就不使用防腐、防虫剂。因为虽然相关规定变严，毒性已经减弱，但还是担心会有害健康。因此如图所示，通过药剂以外的方法破坏白蚁的生存环境，优先考虑人可以安心生活的居住环境（这里使用燃料碳）。硼酸用作防虫处理也渐渐地普及开来，如果想要降低工程价格，可以尝试研究采用。作为设计师，当然是想要保护住户的健康和财产。

（松泽）

不使用防虫剂、对身体无害的设计

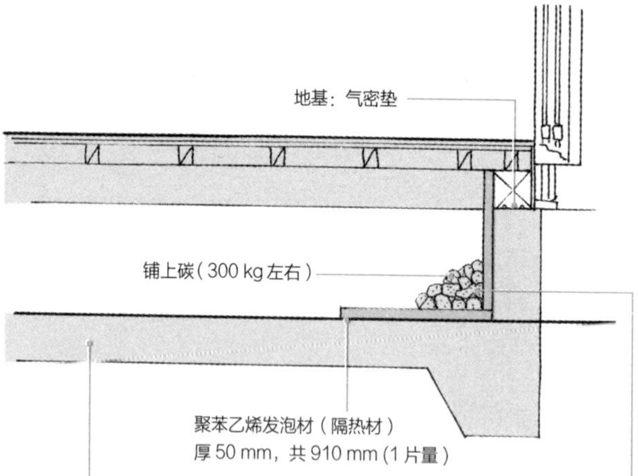

利用地板下的耐压盘蓄热。防止地板骤冷的同时，保持干燥，具有防虫效果。

在地基隔热部分铺上燃料碳。约90 m²（30坪）左右的家需使用300 kg左右，兼顾防虫效果及调节湿度。

通过混凝土再现土墙的蓄热性能

采用空调作为热源，还可以应用风机、通风盘管装置等供暖设备。

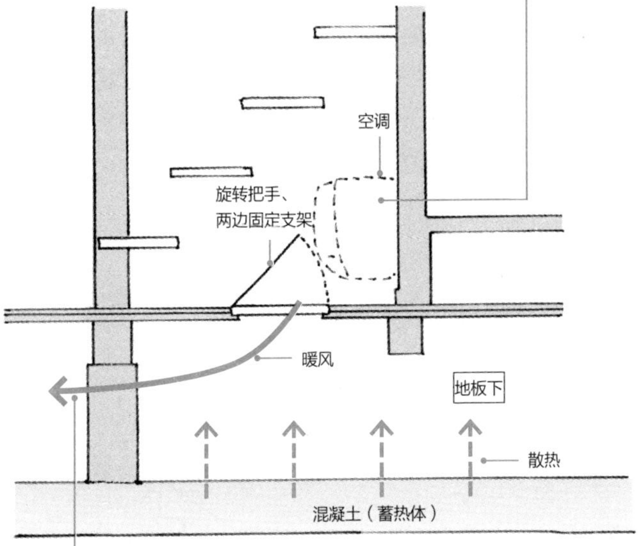

将空调的暖风送入地板下，通过混凝土蓄热。混凝土放射的热量可保持房间的温度。

地板下的蓄热供暖

在以前的住宅中经常看到的土墙，是热容量很大的材料。住宅采用能够蓄热的材料，热气的出入很缓慢，具有保持稳定室温的优点。既然要建造木制住宅，能够简单利用的蓄热体就是地板下的混凝土。地板下因为直接接触地面，所以很难受外界温度的影响。只要在接触外界的部分铺设隔热材提高气密性，地板下的混凝土就可以成为室内的蓄热体。地板下可以一边蓄热，一边供暖，调节室内温度。

（松原）

6 夜间通风

环境

即使在盛夏，夜间特别是天亮前的气温也会比较低，市区也会降到26 ~ 27 ℃。虽然要利用这个时候的冷气，但是也需要采取措施使窗户全开时也不用担心安全问题。主要有两点措施，即设置人无法进入的细长的窗户和阳台设置格窗。创造夏天也能舒适度过的室内环境，不仅要冷却室内空气，还需要冷却地板、墙壁、天花板、家具等家中所有的东西。利用天亮前的冷气冷却室内，可以迎来舒适的早晨。

（诸角）

利用天亮前的低温迎接舒适的早晨

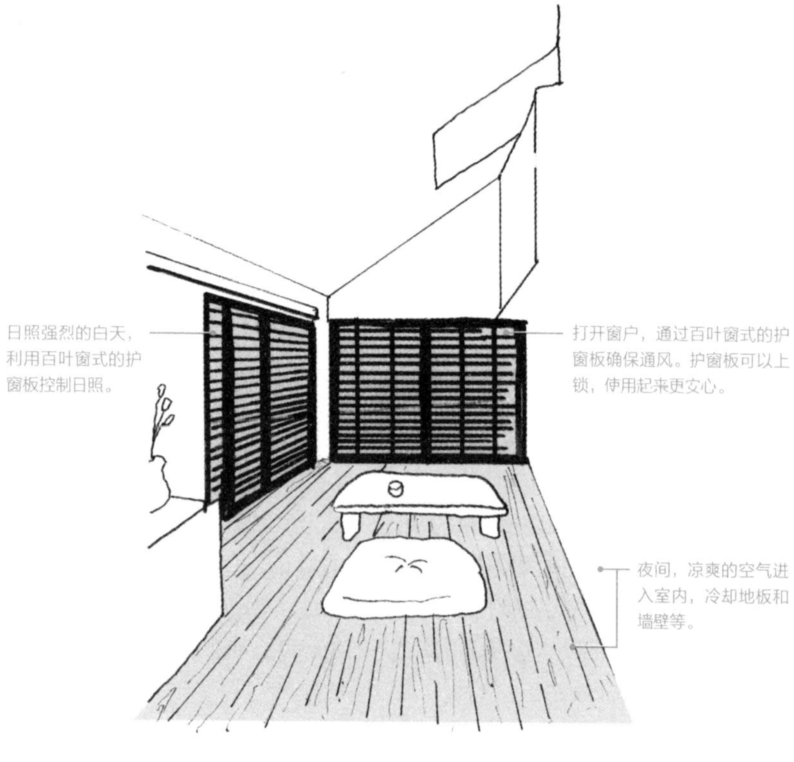

日照强烈的白天，利用百叶窗式的护窗板控制日照。
打开窗户，通过百叶窗式的护窗板确保通风。护窗板可以上锁，使用起来更安心。
夜间，凉爽的空气进入室内，冷却地板和墙壁等。

舒适的辐射热环境

室内的舒适程度不仅与室温有关，还受地板、墙壁、天花板的表面温度的影响。即使冬天室内温度很低，它们散发出来的辐射热也可以温暖人的身体（*）。如下图所示，这个住宅采用了利用深夜电力的蓄热式暖气设备。缓缓地加热降到 1 楼的比较低温的空气，使其上升，在整个住宅内产生暖气的循环。

使用面积约 202 m²（61 坪）的住宅中，主要空间的地板、墙壁、天花板的表面温度在严冬期 2 月初的上午也能保持高于 19 ℃左右的温度。

（野口）

使地板、墙壁、天花板的表面温度平缓地上升的辐射热

通过 1 台利用深夜电力的蓄热式暖气设备使大型住宅的地板、墙壁、天花板的表面温度保持在 19 ℃。

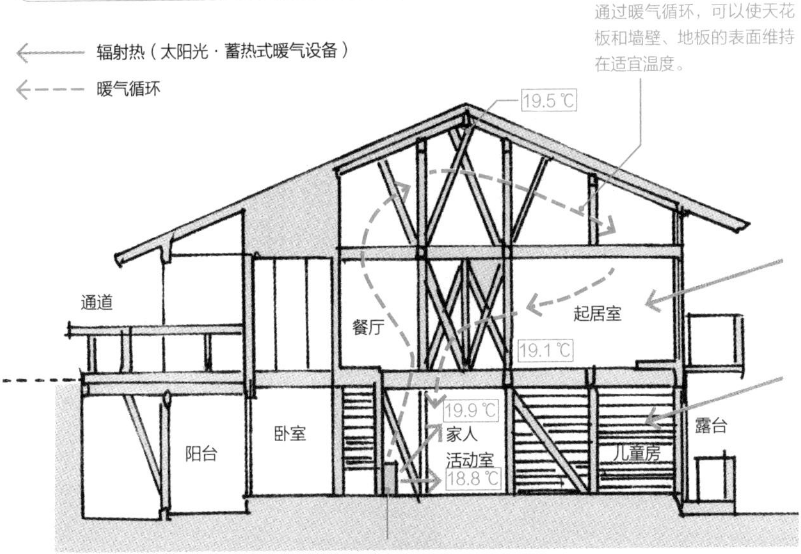

通过暖气循环，可以使天花板和墙壁、地板的表面维持在适宜温度。
辐射热（太阳光 · 蓄热式暖气设备）
暖气循环
19.5 ℃
通道
餐厅
起居室
19.1 ℃
19.9 ℃
家人活动室
18.8 ℃
卧室
阳台
儿童房
露台

利用深夜电力的蓄热式暖气设备

利用深夜电力进行蓄热，平时放出辐射热。

* 辐射热环境：天花板、墙壁、地板散发出与其表面温度相适宜的（长波长）辐射，这种辐射到达人体和物体，产生辐射热，并且暖和人体和物体。即使提高室温，如果表面温度很低的话，人还是会感到很冷，相反，如果室温很低但是表面温度适宜的话，人会感到温暖、舒适。

真火壁炉的热循环

如果使用真火壁炉的话，我希望只用 1 台就可以温暖整个家。但是，暖气很难到达距离远的房间。虽然也有利用机器强制输送的方法，但是我想尽量利用自然的对流温暖整个房间。

因此，不仅要在真火壁炉的上方设置挑高空间，还要设计上升的暖气沿着楼梯下来的空气流通的路线。想方设法使暖气遍布所有房间，达到温暖整个家的效果。楼梯设置在离挑高空间较远的地方，效果会更好。

（松原）

用 1 台真火壁炉温暖整个家

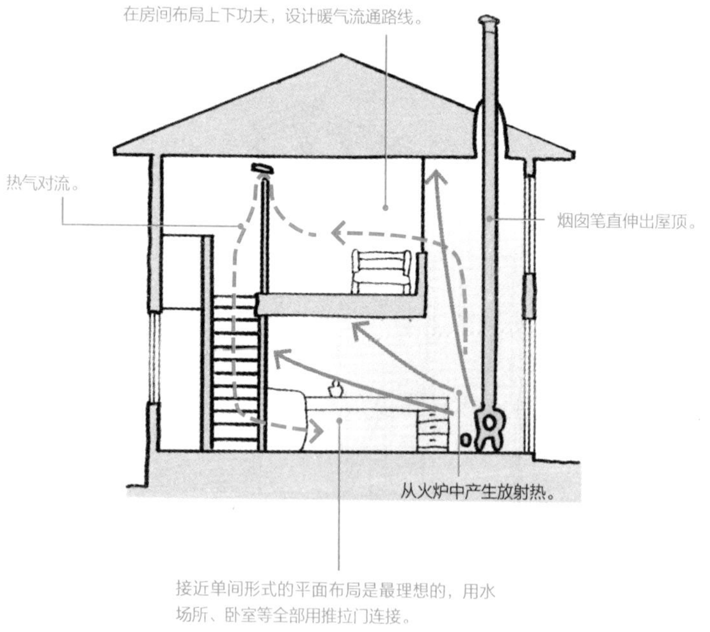
在房间布局上下功夫，设计暖气流通路线。
热气对流。
烟囱笔直伸出屋顶。
从火炉中产生放射热。
接近单间形式的平面布局是最理想的，用水场所、卧室等全部用推拉门连接。

第7章

住宅周围

将周围区分开的话，可以分成两部分。一部分是建筑物的“外部”，一部分是空白部分的庭院、连廊、车棚、门等的“外部结构”。并不是想要将这些要素清楚地区分开，而是使双方保持关联性，通过使其保持某种联系，提升居住环境的舒适程度，即使小面积用地也能营造进深感，赋予住宅各种各样的附加价值。

即使是有限的用地的细小部分，也可以通过精心研究和装饰，使住宅焕然一新。这是让日常生活升华到多彩生活的重要要素。

（杉浦）

道路旁的植物

在面向道路的门口的附近，种植些植物，就可以营造恬静的氛围。在住宅内部可以看到的植物也可以带给住户平静的感觉，如果玄关和通道附近有一些植物，不仅仅是家人和客人，还可以带给路人温暖的感觉。叶子会变成粉色的络石、小面积就可种植的“常春藤”等藤蔓系的植物可以带来延伸感。特别是在门前种植南天竹的话，被认为是很吉利的，建议采用。

（伊泽）

漂亮的植物布局，也能给路人带来欢乐

在围墙脚下稍微空出一点空间，使得从外面可以看到植物。

南天竹蕴含“转运”的意思，作为吉利的树木种植在玄关会很合适。它不易生虫，而且高度能够保持在 1 ~ 1.5 m，也很容易打理。有的品种还会长出红叶，冬天结红色的果实，是一种很漂亮的植物。

从 2 楼欣赏绿景

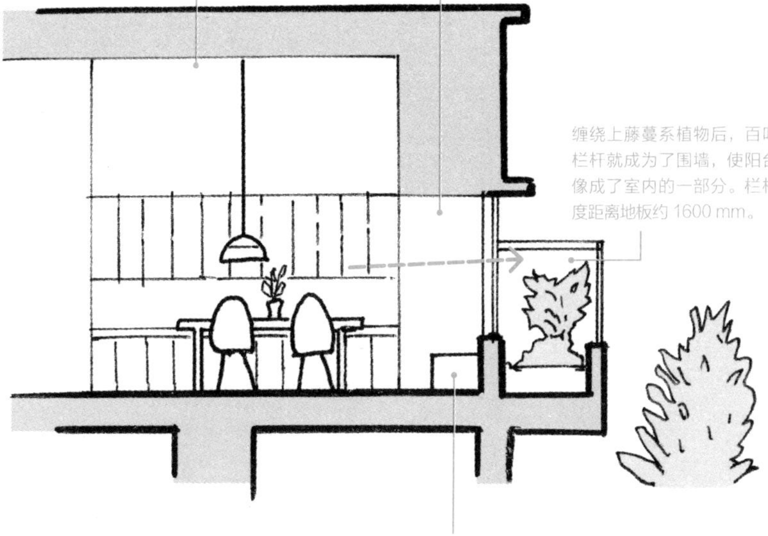

2 楼起居室的优点是能建造高天花板，赋予空间变化。
即使在 2 楼也可以欣赏阳台的花坛和栏杆上的藤蔓系植物。
缠绕上藤蔓系植物后，百叶状栏杆就成为了围墙，使阳台好像成了室内的一部分。栏杆高度距离地板约 1600 mm。
窗边的电视柜，可以偶尔坐一坐，非常舒适。

在 2 楼起居室也能欣赏绿景

在住宅密集地，为了实现良好的采光，通常在 2 楼设置起居室。由此，2 楼变得比 1 楼还要明亮，但因为远离地面所以很难欣赏到院子里的绿景。因此，在这个住宅，为了在 2 楼也能欣赏绿景，在起居室的窗户前设置了体现屋顶花园概念的花坛。高高的百叶状栏杆上缠绕着藤蔓系植物。其慢慢生长后，不久就可以成为绿色的屏障，遮挡周围的视线，营造能舒适地欣赏绿景的场所。

（村田）

绿色植物借景

这是建造在类似镰仓的居住密集地上的住宅，拥有一个可以欣赏绿景的庭院。优先考虑采光，将 2 楼设计成起居室。由于该地区绿化好，事前要调查情况并将周围的绿色植物作为借景。在 1 楼的浴室和卧室可以欣赏到庭院的风景。这个住宅充分利用借景，在每个楼层都可以欣赏到不同的绿景。

（村田）

将周围的绿色植物作为借景

北侧的窗户因为太阳光照射不到，一般都采用小窗户，但是为了借景大胆地将其设计成大窗户。反射光进入北侧的窗户，照亮了房间。

将周围的绿色植物作为借景。

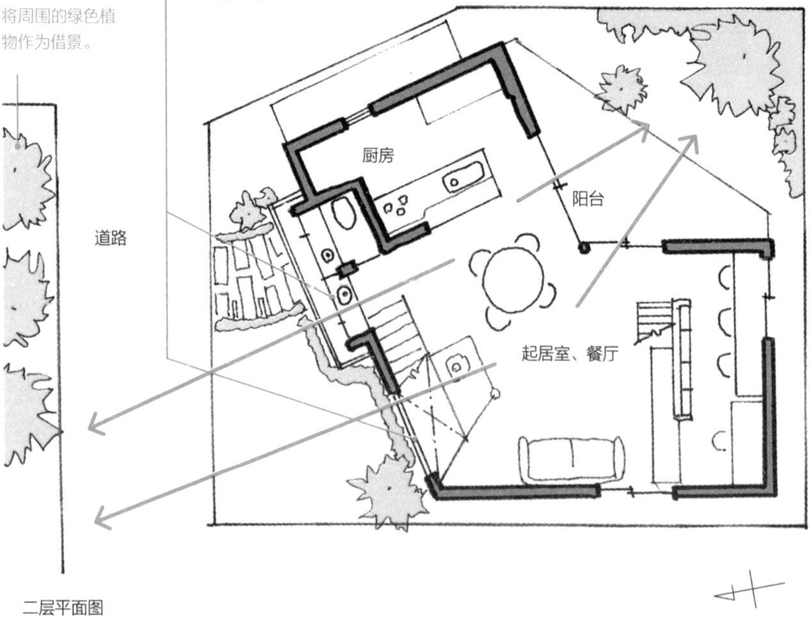

二层平面图

无论在家中的何处都能欣赏到绿色植物

不管装修得多么漂亮，只要无法看到外面，就是不健康的。要想方设法使家中所有地方都能看得到绿色植物。

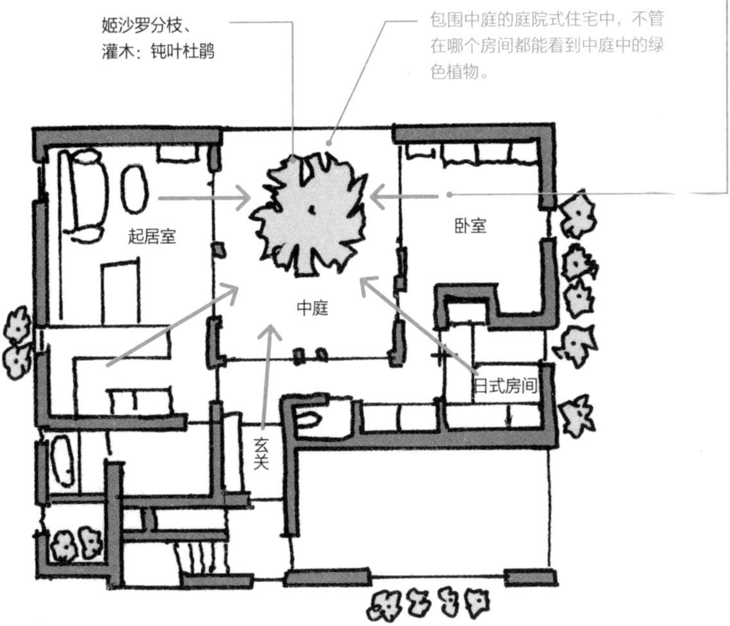

姬沙罗分枝、
灌木：钝叶杜鹃
包围中庭的庭院式住宅中，不管在哪个房间都能看到中庭中的绿色植物。
起居室
中庭
卧室
日式房间
玄关

一层平面图

所有的房间都能看到绿景

在这个住宅，除了地面的庭院，在2楼和3楼也建造了屋顶花园，以达到在所有的房间都能看到绿景的效果。一进入玄关，首先庭院的绿色植物便映入眼帘，除了起居室，在厨房和书房也都能感觉到绿色植物的存在。如果在家中可以欣赏到大自然和外界的风景，亲身感受季节变化的机会就变多了，也能更好地感受时间的流逝，心情也变得放松。所有的房间都能看到绿色的住宅，能使生活变得更加多姿多彩。

（村田）

屋顶绿化

在各层都建造屋顶花园的话，不仅是面对庭院的起居室，在 2 楼的卧室和书房也都可以欣赏到绿景。起床后打开窗户绿色自然地映入眼帘，使人愉悦地迎接美好的早晨。绿色植物不但可以构造美丽的风景，还有调节气候的功能。从根部吸上来的水分通过叶子蒸发，可降低周围的气温，泥土也可以有效防止太阳热量直接照射屋顶。另外，屋顶日照良好，也适合修建菜园。屋顶绿化，看起来美观、吃起来健康、有利于环境，真的是“一举三得”啊。

（村田）

一举三得的屋顶绿化

泥土厚度的基准是，种植乔木则厚 400 mm 左右，种植灌木则厚 200 mm 左右。需要考虑设置自动灌水装置等浇水设备。

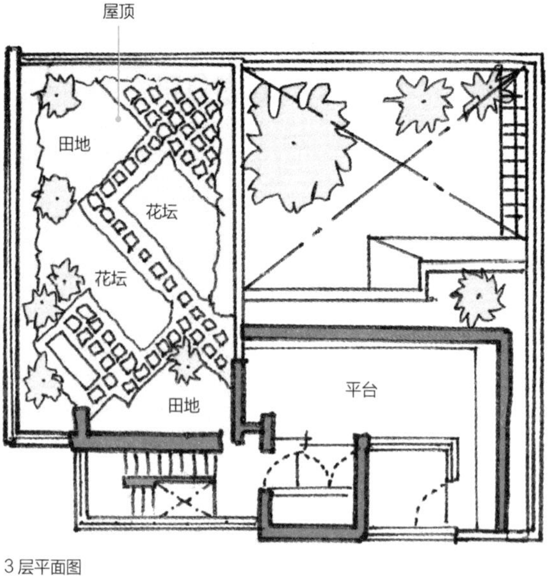

3 层平面图

选择有如杂树林般自然氛围的主木

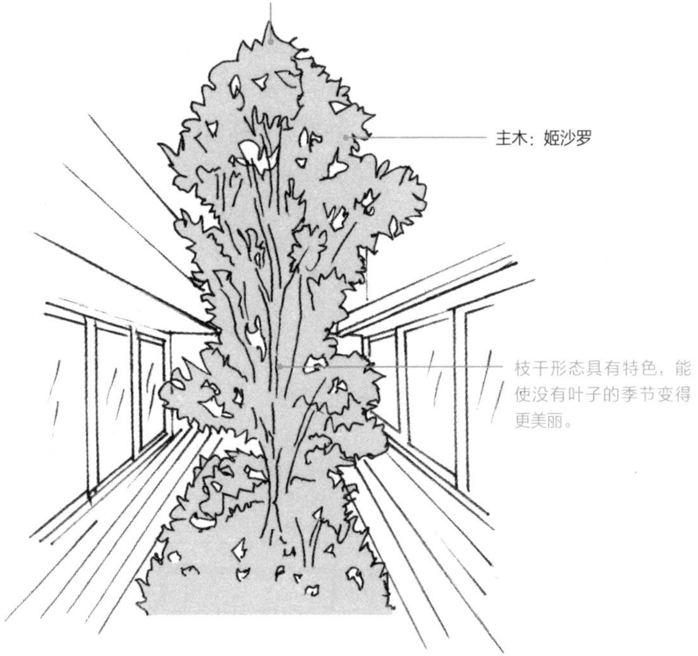

从可以感受季节感的落叶树中选择主木。
主木：姬沙罗
枝干形态具有特色，能使没有叶子的季节变得更美丽。

有分枝的主木

设计庭院的植物时，一定会选择1棵树作为主要的树即“主木”。对于主木，现在很多人都不选择形状被修剪过的松树等，而是选择像杂树林一样有着自然氛围的树木。其中，被称为“分枝”，从一棵树的根部长出数株以上枝干的形状的树，其层层叠叠的枝干让人感受到大自然的美。其美丽的姿态也适合庭院式住宅。分枝树有成长很慢、很难成为大树的特点，非常适合城市的住宅情况。

（村田）

7

住宅周围

在狭窄的用地上也要配置绿色植物

即便是狭窄的用地，也不可能100%的土地都用来建房子，因此要充分利用用地内的空白处。在这仅有的外围空间配置绿色植物，建造将室内外连接起来、能够感受四季的住宅。下图临近商业区，约80%的用地是建筑物。在仅剩的20%的用地上修建竹园，在通道上铺设自然石，在南面设置开口部，从室内可以看到道路的行道树，在距离步行道进深很浅的建筑物的下方种植杂草。春天紫色的小花绽放，让路过的行人感到赏心悦目。

（高野）

即使很狭窄，也能欣赏用地的空白

在沐浴在午后阳光下的细小空间打造黑竹庭院，为小空间提供室内外的联系和绿景。

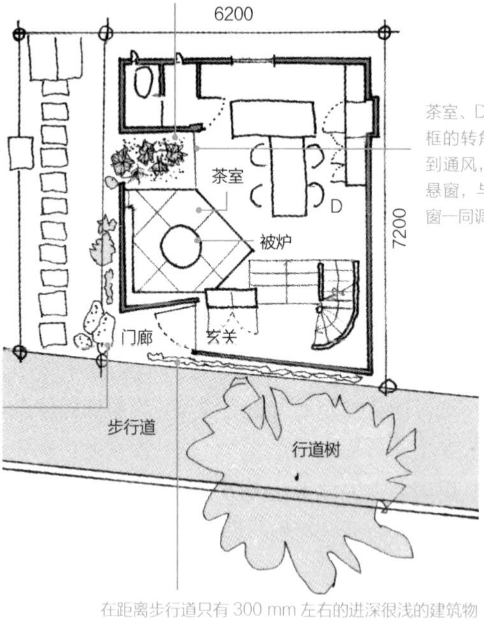

茶室、DK和庭院通过铝制窗框的转角窗连接视线。考虑到通风，在茶室的附近设置悬窗，与钢制的细长的百叶窗一同调节视线。

玄关处的踏脚石使用普通庭院石店有库存的40~80 cm的美浓石。石头的配置没有硬性规定。可以在现场尝试后再确定位置。

在距离步行道只有300 mm左右的进深很浅的建筑物的下方种植杂草（小蔓长春花）。杂草种植在狭窄的用地上，面向道路，并且光照良好，因此这样的地方泥土很容易变干，需要稍微多浇些水。

功能性和设计感并存

通过培植花坛中的植物，为混凝土装修增添柔和的感觉。

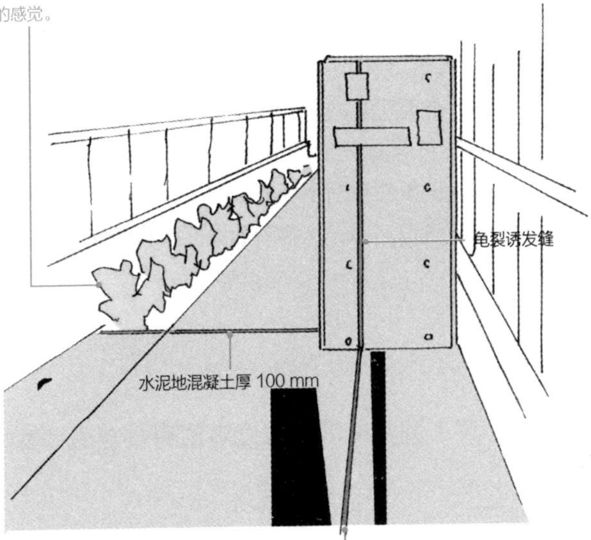

水泥地混凝土和花坛的分界线、混凝土浇筑的门柱灯，以及停车处的水泥地混凝土的龟裂诱发缝相连接。在视觉上好像将拖拉的混凝土装修一下子勒紧了。

龟裂诱发缝

混凝土装修的其中一个优点就是其可塑性高，可以实现无缝隙的一体化装修。但是在形状不单一的地方或距离长、面积大的地方进行这种装修的话，施工后可能因地震摇晃或重物等原因造成龟裂。因此需要进行龟裂诱发缝（*）施工，即在局部一定间隔地设置薄的接缝，使得地板表面不会发生龟裂。在这里龟裂诱发缝不仅仅具有单纯的功能性，还具有设计感。

（杉浦）

* 龟裂诱发缝：大胆地设置接缝，且厚度比其他部分薄，让将来可能发生的龟裂于事先规划好的地方发生，而在其他地方不发生龟裂，这就是龟裂诱发缝的基本概念。

7 中庭

想要在市中心的狭窄用地上设计庭院，考虑到建筑面积利用率以及道路和邻居家离得太近而导致隐私暴露等问题，就很难打造一个让人满意的庭院。这种情况下我建议打造中庭。所谓中庭，指的是被建筑物或围墙包围的小庭院，在有植物和石头的这个空间中，阳光洒落，每时每刻都会有不同的景致，给生活增添了情趣。在建筑总面积约为 30 m^2（9 坪）的住宅中，中间设计了约 3 m^2（1 坪）的中庭。虽然只是小小的中庭，但是在这里不用在乎周围的视线，可以将风光景致引进室内，在有限的地面上营造了具有开阔感、丰富多彩的空间。

（吉原）

只要有约 3 m^2（1 坪）的空间就可以拥有富有情趣的“庭院”

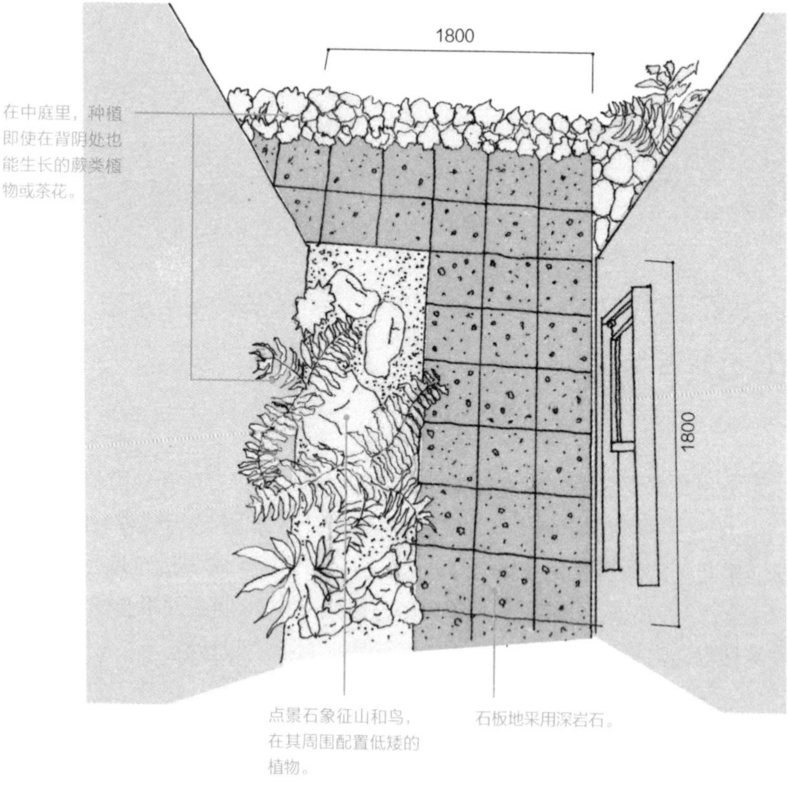

1800
1800
在中庭里，种植即使在背阴处也能生长的蕨类植物或茶花。
点景石象征山和鸟，在其周围配置低矮的植物。
石板地采用深岩石。

有安全感的小的外部结构

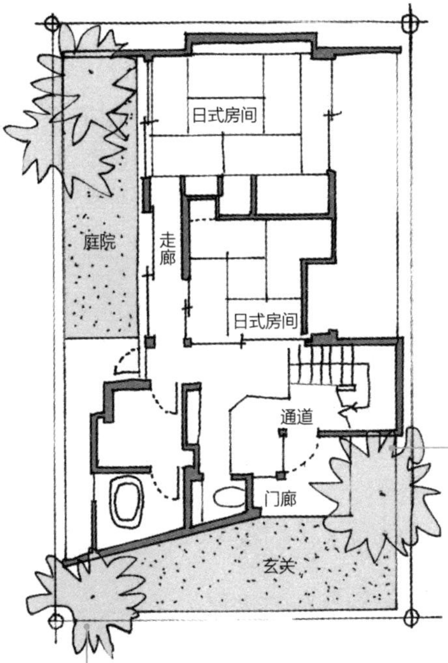

通过在靠里的正面墙的前面种植竹子和杂草来制造纵线，里面的墙壁隔着植物，营造进深感。

在入口处种植 2 棵预计长到 8 ～ 10 m 的树木，通过落叶树和杂草使建筑物的转角和端部的轮廓变得柔和起来。

小的外部结构

在狭窄的用地上，有时想要在建筑物和道路之间保持相当的距离是很难的。不管通道有多短，为了打造宽敞的玄关，一个有效的方法是在玄关稍前方建造一个小庭院以制造间隔。在这样的小空间里种植植物，通过适度的绿色植物制造树荫，使外部墙壁的角度产生变化，由此打造出既有开放感又有被围绕的安全感的玄关。

（滨田）

甬道（通道）

在京都的街边房屋中，还保留着很多被称为“甬道”的空间。所谓甬道，即开口部约半个房间大小（约 900 mm），被墙与墙包围的、细长的、通向玄关的通道，是无法界定内外部的区域。图中住宅通道的设计灵感就来源于这种甬道。并不是从道路直接进入玄关，而是在建筑物和围墙之间不大的空隙中，建造细长的甬道将人引向玄关。在甬道的附近种植植物，让人感受自然。甬道是进屋之前转变心情、迎接客人进屋的场所，具有多种功能。

（吉原）

采用京都街边房屋的“甬道”

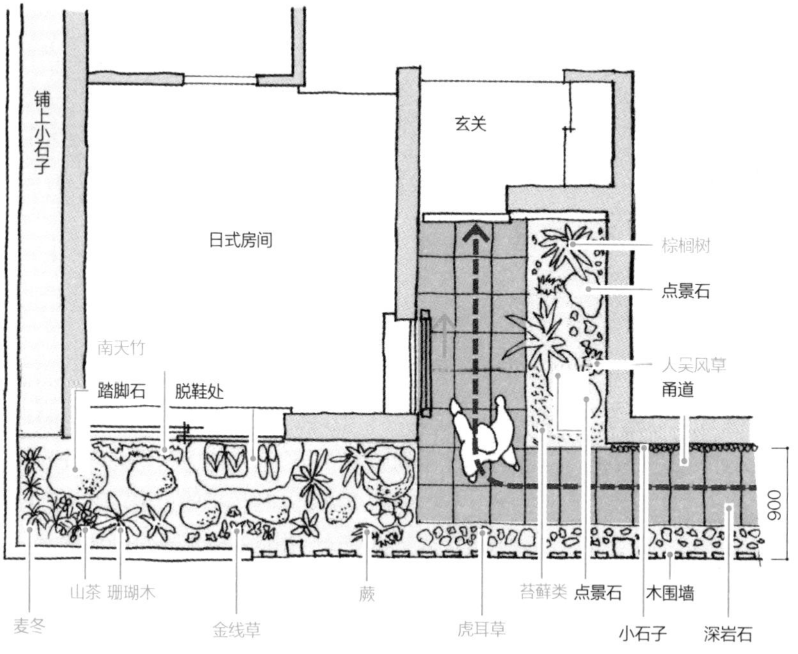

用隐藏的照明灯具照亮植物等

通过防雨型的“庭院灯”使植物沉浸在柔和的光线中。采用 25 W 左右的彩色灯泡型荧光灯是比较合适的。高度在 300 mm 以下的地埋灯也可以。

通道的灯光

近来，市区的路灯数量很充足，即使不在住宅通道上安装照明灯也显得很明亮，因此如果想要安装照明灯具的话，将通道的照明灯具设计成不被直接看到。这种情况的设计要点是，不照亮整体，只照亮树下、外墙、地板、植物等，利用其反射光制造阴影，营造气氛。通过这样的设计，使通道沉浸在不过于明亮的、淡淡的、柔和的光线中。

（伊泽）

箱型的时尚住宅也要设置屋檐

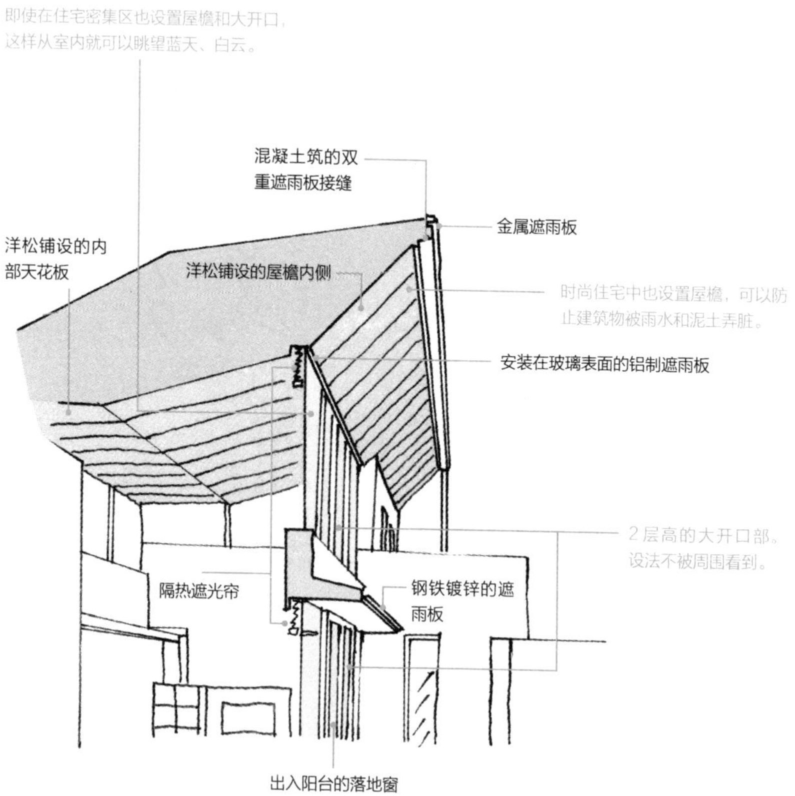
即使在住宅密集区也设置屋檐和大开口，
这样从室内就可以眺望蓝天、白云。
混凝土筑的双
重遮雨板接缝
金属遮雨板
洋松铺设的内
部天花板
洋松铺设的屋檐内侧
时尚住宅中也设置屋檐，可以防
止建筑物被雨水和泥土弄脏。
安装在玻璃表面的铝制遮雨板
2层高的大开口部。
设法不被周围看到。
隔热遮光帘
钢铁镀锌的遮
雨板
出入阳台的落地窗

窗户的房檐和遮雨板

凸出比较多的屋檐（南面）在夏天可遮挡烈日，在冬天可使较低的阳光照射进室内，凸出比较少的屋檐可以防止沿着外墙落下的混着泥土的雨水弄脏玻璃。图示住宅中，针对2层高的大开口，设计了2层屋檐。屋檐的凸出程度由夏至和冬至的中天高度决定，为了表现舒展感，与天花板相连的屋檐内侧采用跟内部一样的洋松木铺设。为了尽量保护木头不被雨水侵蚀，在屋檐处设置了双重遮雨板。考虑到刮大风时雨水沿着木头下来会弄脏玻璃，因此在玻璃前也设置了遮雨板。

（白崎）

木制屋顶平台的包围方式

在木制屋顶平台上可以乘凉、晒衣服等，其有很多用途，视觉上也给人向外延伸的感觉，但是如果包围方式不合适，就会因为地板的反射光以及来自外部的视线变成无法让人感到舒心的场所。本案例中，通过大屋檐遮挡日晒和雨水，沿着道路设置的高高的扶手墙遮挡了来自对面住宅和道路的视线，同时，为了将人的视线引向借景和庭院处，将东西方向的木制栏杆设置成较低的格状，由此营造舒适感和开阔感。

（赤沼）

刚刚好被包围起来的木制屋顶平台

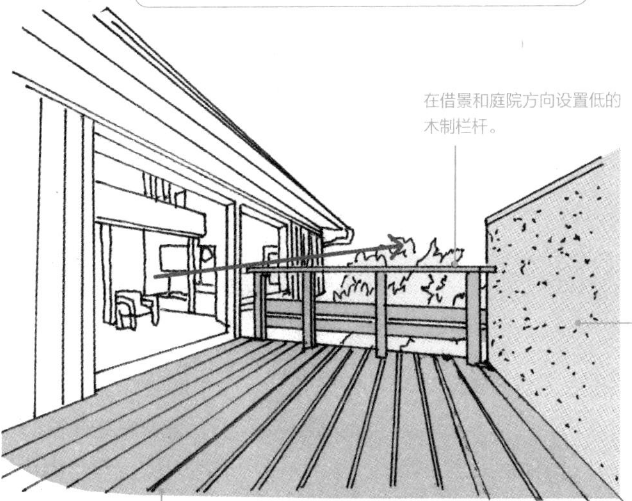

屋顶平台被大屋檐和扶手墙包围起来，东西侧设置格状栏杆，由此营造舒适感和开阔感。大屋檐将视线压低，并遮挡日晒和雨水。
在借景和庭院方向设置低的木制栏杆。
屋顶平台临时固定在金属板屋顶上，这是考虑到防雨以及将来可以进行更换。
高高的扶手墙遮挡了来自对面住宅和道路的视线，制造了舒适感。另外，墙壁的存在可以将人的视线引向东西侧的借景和庭院。

7 大屋檐可以有效应对积雪

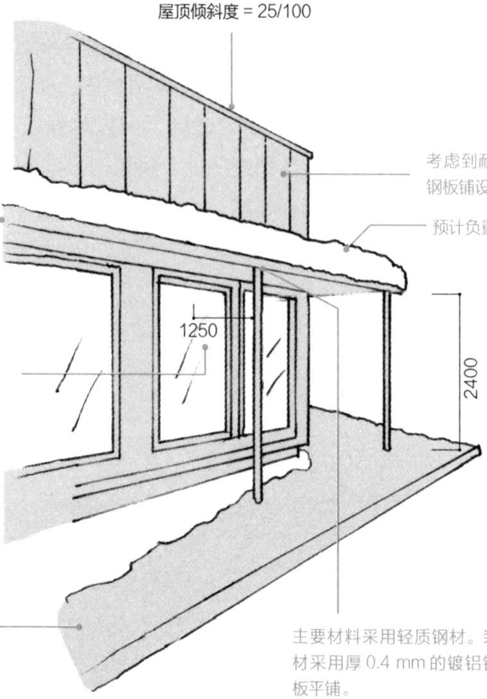
屋顶倾斜度 = 25/100
考虑到耐候性墙壁采用镀铝锌钢板铺设。
间隔地设置支柱分担负重。
预计负重 90 cm 积雪。
1250
屋檐凸出尺寸 1250 mm
2400
100
平台采用瓷砖装修
主要材料采用轻质钢材。装修材采用厚 0.4 mm 的镀铝锌钢板平铺。

在大的窗户外沿设置屋檐

玄关是招待客人进屋的开口部，窗户具有采光和换气的功能。如果开口部设有屋檐的话，可以充分地发挥这项功能。这个建筑物的屋檐凸出尺寸约 1200 mm，夏季可以遮挡强烈的日晒，下雨时可以防止住宅劣化。特别是在严寒地带，24 小时内积雪 30 cm 以上的情景是司空见惯的，这时候如果要外出就不得不铲雪。如果有屋檐的话，就可以在建筑物周边留出空地，确保外出时通道的正常使用，遇到灾害时更是有很好的避灾效果。

（山下）

折板屋顶

折板屋顶一般适用于无房梁的大空间，因此多用于工厂、车棚、仓库等处。以前也有一部分建筑师将其应用在住宅设计上，但是因为不喜欢其看起来像工厂的外观，最近已经很少看到了。但是因为其性能上的优势，我经常使用。在 5 ～ 6 m 的大空间可以不设置房梁构建屋顶，因此以前只能用钢铁结构构建的空间现在则可以设计成简单的木结构。在屋顶的里面喷涂聚氨酯泡沫可以解决隔音隔热问题。

（诸角）

性能高并有工业氛围的折板屋顶

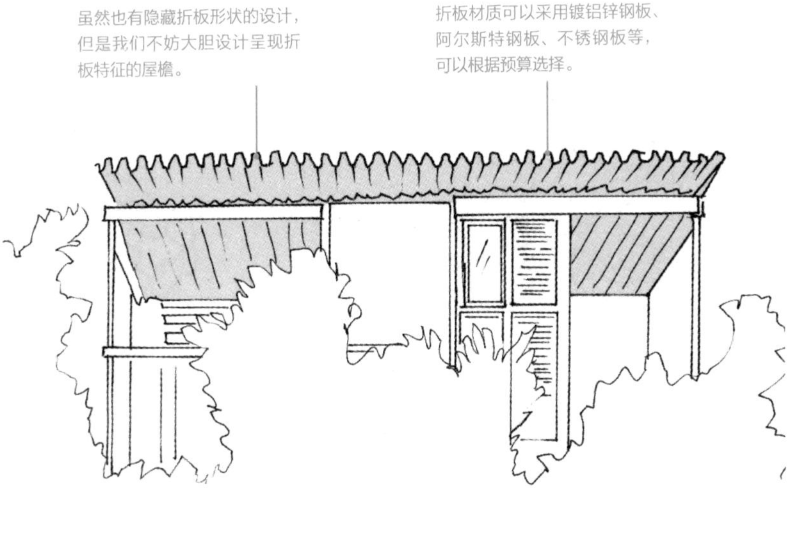
虽然也有隐藏折板形状的设计，
但是我们不妨大胆设计呈现折
板特征的屋檐。
折板材质可以采用镀铝锌钢板、
阿尔斯特钢板、不锈钢板等，
可以根据预算选择。

7 停车场的装修

停车场的地面装修，与其全部采用混凝土或柏油铺设，倒不如设计成到处可以看到泥土和绿色。有了绿色植物，既赏心悦目又可以缓和夏天的光线，并且容易吸收雨水。绿植种植在停车场的混凝土块之间，所以需要花费一定的费用，但是因为面积很大看起来很美观，也可以自己亲手种植。虽然有的植物在冬天会枯萎，但是在开春的季节绿油油的草坪让人心情愉悦。另外，古风的枕木当作车挡。

（伊泽）

有效缓和热岛现象

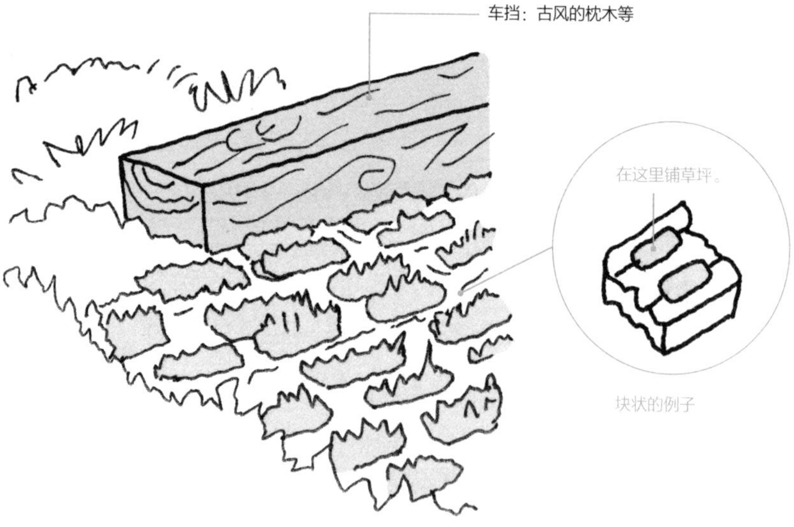

一般采用被称为植被块、绿化块的停车场铺设块会很有效果，不仅仅运用在停车场，因为可以营造绿色健康的生活环境，也符合各自治团体的“绿化制度”。据此 30% 左右的用地面积可以进行绿化。

将管道空间设置在室内

当然也不能损坏室内的美观，不管是木造还是钢筋混凝土结构，将管道空间设置在室内，比如在阳台的角落或屋顶设计管道线路。

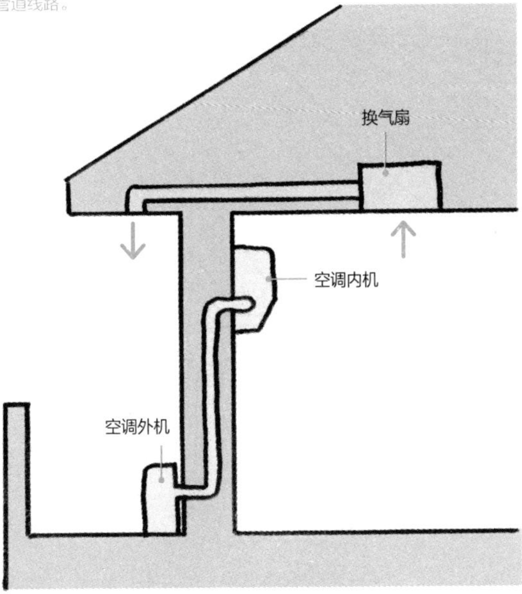

隐藏设备管道

供气口、排气口等的风斗一般都安装在墙面上，这是污染墙面的原因之一，因此要避免这样轻率的施工。暴露在雨中的墙面上安装的导管风斗的管道有倾斜度，因此在大风或大雨天，雨水可能逆流进入室内。有屋檐和阳台的住宅，要在管道的配置上下功夫，将导管风斗安装在屋檐部分。另外，考虑到美观问题，空调和换气扇的设备管道也尽量隐藏起来。

（久保木）

用长屋檐调节日晒、保护外墙

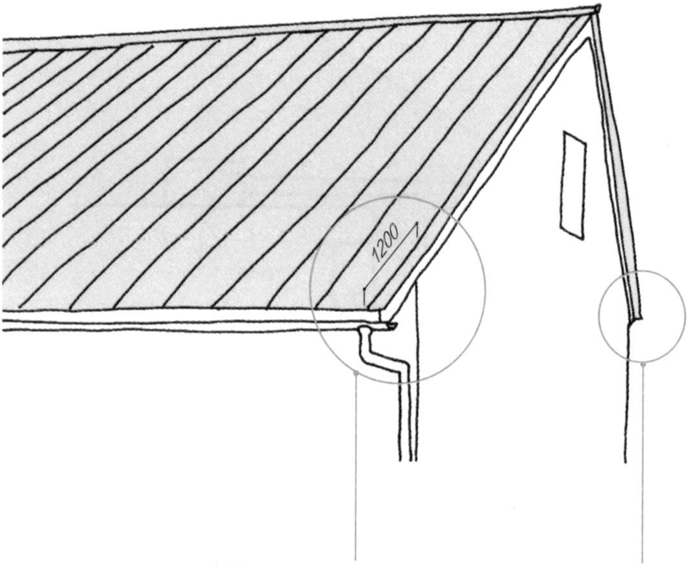

南侧的屋檐确保伸出 1200 mm。但是，与邻家相邻一侧实在无法设置屋檐，因此外墙采用耐久性良好的镀铝锌钢板装修。

北侧无法设置屋檐的情况，外墙的装修要采用耐脏的材料。

屋檐伸出 1200 mm 左右

屋檐的伸出程度根据用地条件的不同而不同，但是尽量伸出 1200 mm 左右。这样夏天可以遮挡烈日，冬天可以引进阳光，并且保护建筑物的外墙。另外，也可以尽量避免晾晒的衣物被雨水淋到。如果想要引进更多光照的话，可以在屋檐处安装强化玻璃。即使在市区的狭窄用地无法设置屋檐的情况，也要在南侧的大开口上设置屋檐，东、西、北侧几乎不伸出屋檐。这时外壁采用镀铝锌钢板，防止雨水造成外墙劣化。

（松泽）

檐下空间

因为市区用地紧张，很多住宅的玄关都与道路相临。这样就造成外出回来的人在还没转换心情做好准备时就直接进入屋内。在玄关的檐下空间有很多让生活变得更丰富多彩的要素，比如下雨天会撑伞、稍微放置一会行李、和邻居聊聊天等，并且与城市保持连续性。因此，檐下空间不应该只是便利的多功能的场所，也要是能让人转换心情的场所。

（宫野）

檐下空间是可以让人转换心情的场所

屋檐下的地板采用暖色系的、有质感的瓷砖装修，设置一个吸顶灯，让其柔和的光线迎接家人归来。

因为要迎接客人，玄关采用内开门。表面的凹凸营造厚重感。

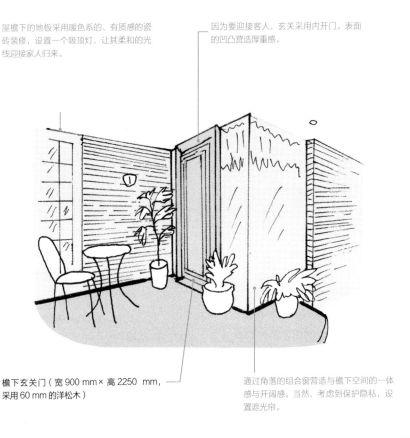

檐下玄关门（宽 900 mm× 高 2250 mm，采用 60 mm 的洋松木）

通过角落的组合窗营造与檐下空间的一体感与开阔感。当然，考虑到保护隐私，设置遮光帘。

连接内外的封闭式阳台

让半外部空间成为室内一部分的同时，生活空间也向外延伸。

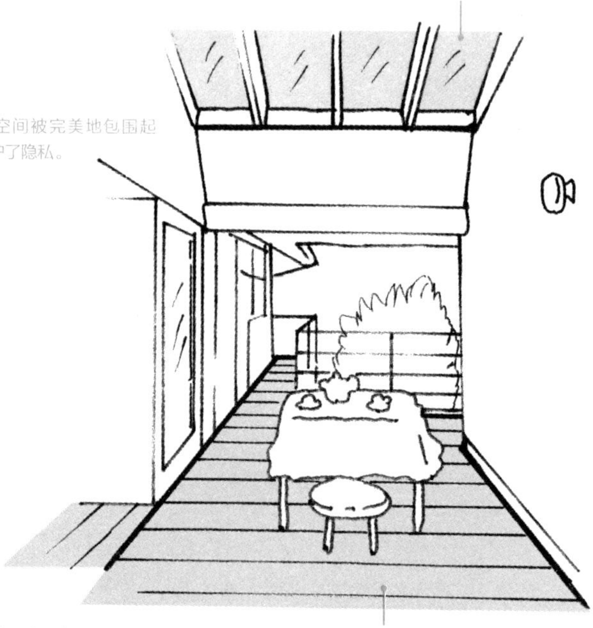
半外部空间被完美地包围起来，保护了隐私。
雨水通过阳台下的 FRP 防水设施的排水管排出。
平台：红杉木涂上木材着色防护剂

半外部空间

可以毫不拘束地欣赏外面的风景，是舒适住宅的重要要素，为了更完美地处理内外部的联系，要充分利用恰好被包围的“半外部空间”。被房间与房间夹在中间的 2 楼的平台，因为有屋顶所以被称为“封闭式阳台”。左边是作为卧室使用的日式房间，右边是平时进行兴趣活动的雕刻室，里面是郁郁葱葱的庭院。回头可以看到通道上种着的桂花树。内外并不是直接连接，而是中间设置封闭式阳台，让这个半外部空间成为中间区域，使内外的关系变得密切，更加丰富多彩。

（村田）

晾衣场所

晾衣场所最好跟洗衣处离得近点。不管是晴天还是雨天，在任何天气都可以使用。在 1 个地方同时做到日照良好和能挡雨水是很难的。因此晴天的时候在没有屋顶的地方晾晒，外出或者下雨天在有屋檐的场所晾晒。如果盥洗室或楼梯室等有空间的话，也可以将晾衣场所设在室内，但是这时候要注意换气。

（坂东）

全天候能使用的晾衣场所

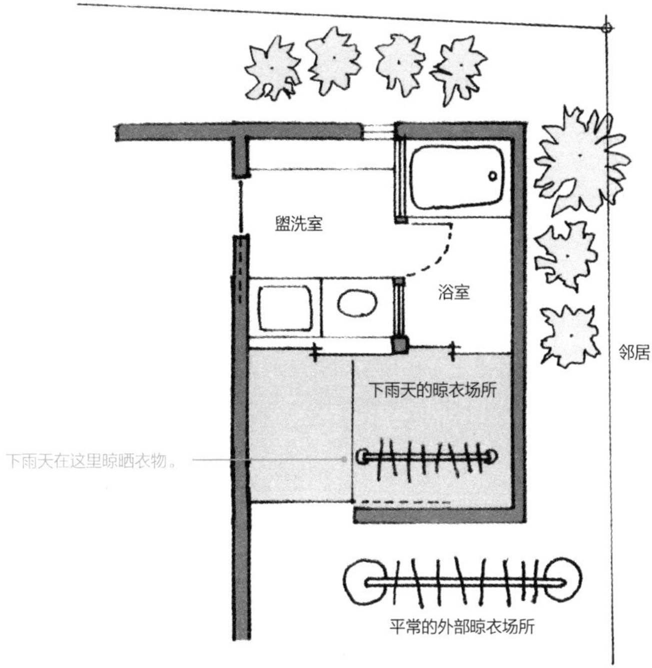

阳台进深很深的公寓里，可能有雨天晾衣场所，但是如果是独户住宅需要提前设计雨天时的晾衣场所。

传统的“家形”能带来安心感

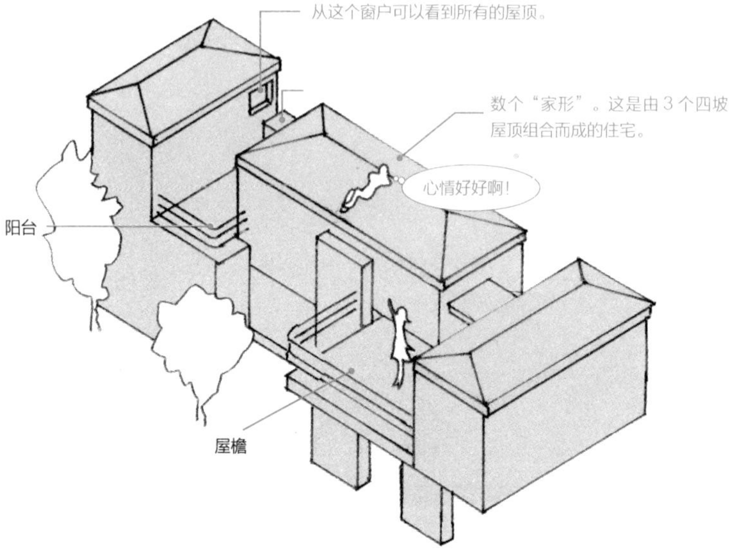
从这个窗户可以看到所有的屋顶。
数个“家形”。这是由 3 个四坡屋顶组合而成的住宅。
心情好好啊！
阳台
屋檐

“家形”的斜坡屋顶

一看到斜坡屋顶，无论是谁都会马上认定这是住宅。这是一种标志。虽然使用何种程度的斜坡屋顶是由各种条件决定的，我基本喜欢使用“家形”的屋顶。另外，通过将建筑物的大小进行细分，使屋顶的大小不让人有压迫感，且与生活相匹配。而且，数个“家形”屋顶组合在一起，从内部可以发现自家不同的外观，住户也可好好享受其所带来的舒适感。

（山本）

信箱的设置场所和大小

如何拿取报纸和信件决定信箱的设置场所。因为是每天都要使用的场所，所以要选择与家人生活方式相适应的、方便使用的地点和大小。虽然一般设置在靠近门的地方，但是也要考虑到从道路看到的情况以及拿取是否方便。因为大件包裹多、经常不在家等情况而采用大容量信箱时，要特别注意设置场所的台阶设计。如果门和玄关离得较远，并将信箱设置在玄关的话，需要充分考虑好防盗性。

（菊池）

信箱的设置要配合住户的生活方式

最近考虑到防盗以及隐私管理，安全性高的带锁的信箱以及与门牌、内部对讲机、照明一体化的信箱也被成品化了。

只有信箱口的话，要选用雨水不会进入的样式。

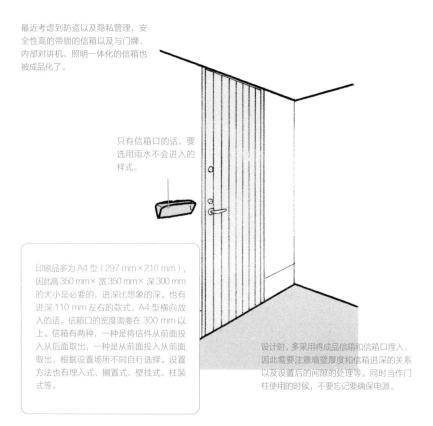

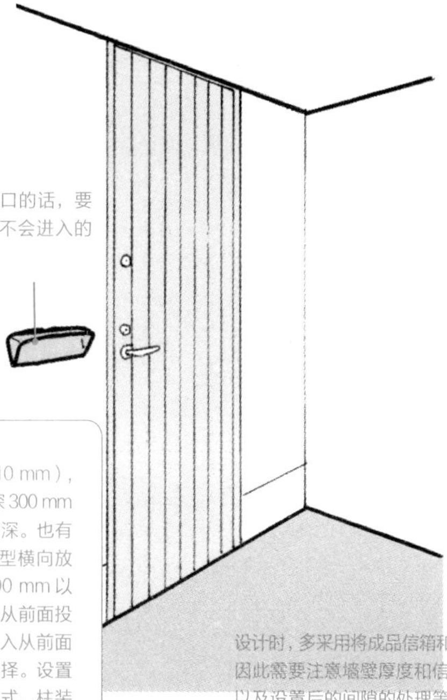

印刷品多为 A4 型（297 mm×210 mm），因此高 350 mm× 宽 350 mm× 深 300 mm 的大小是必要的，进深比想象的深。也有进深 110 mm 左右的款式。A4 型横向放入的话，信箱口的宽度需要在 300 mm 以上。信箱有两种，一种是将信件从前面投入从后面取出，一种是从前面投入从前面取出，根据设置场所不同自行选择。设置方法也有埋入式、搁置式、壁挂式、柱装式等。

设计时，多采用将成品信箱和信箱口埋入，因此需要注意墙壁厚度和信箱进深的关系以及设置后的间隙的处理等。同时当作门柱使用的时候，不要忘记要确保电源。

谁都会有想要独处的时候……

爬上屋顶看星星，这在当今时代是很难实现的吧。
但是，作为独处的空间，以及家中的秘密基地，
在住宅中建造屋顶平台又未尝不可呢。

建造屋顶平台

虽然家人总是待在一起很好，但是即使是在关系很好的家庭中，偶尔也会想要一个人静一静，或是想让家里的某个人独处一会儿。一个人待着的时候如果可以眺望广阔的蓝天和远处的风景，心情会一下子变得舒畅。以前是爬上屋顶眺望远处，现在尝试下建造屋顶平台怎么样？就好像在家中建造了一个秘密基地，空间也产生进深感。

（古川）

甲板阳台

家庭这个词是由“家”和“庭”两个字组成的，而住宅如果能完美地连接内部空间和外部景色，就可以成为舒适的场所。如果内部的地板采用的是天然木材装修，木制的甲板阳台看起来就会像是内部的延伸，使住宅看起来比实际宽阔。铺设混凝土或瓷砖的阳台，会对太阳光进行蓄热，夏天因其辐射而产生的热流会进入室内。因此我建议采用不蓄热的木制甲板阳台。

（落合）

室内延伸出来的另一个房间

甲板阳台采用 38 mm × 90 mm 的柏木材以及天然涂料。木板的间隙是 7 mm，太小的话排水效果会变差，太大的话小孩子的手指容易被不小心夹住，这点需要注意。

间隙为 7 mm
甲板阳台经常采用耐水性、耐久性良好的风铃木、洋松木、扁柏木等。

结语

日本家居协会，集合了擅长住宅设计的40余名独立的建筑师。这个协会的魅力在于，建筑师自发组织，自己运营。今年迎来第33周年（1983年成立），由这个协会建造的住宅超过700家。

拜托家居协会的设计师进行住宅设计的客户中，有很多位都对某些方面很执着。更进一步说是有很多客户都很擅长激发设计师精益求精的精神。为了追求更加舒适的住宅，施工方和设计师双方的视点的不断进步是很重要的。本书介绍的“执着之处”就是其升华的产物。对将其作为设计与实际联系起来的施工方的各位，在此表示特别的感谢。

（日本家居协会 代表理事 / 根来宏典）

著者一览

日本家居协会简介

本书是由日本家居协会所属的设计师执笔而成的。日本家居协会作为为追求更舒适住宅的启蒙活动的平台，是于1983年成立的住宅设计师的团体，以加强业主和设计师的联系为目的，开展日常活动。

著者

赤沼修

赤沼修设计事务所

1959年出生于东京都。1982年毕业于东海大学工学部建筑系。1986—1993年供职于林宽治设计事务所。1994年创立赤沼修设计事务所。

伊泽淳子

伊泽计划

1970年出生于千叶县。1994年毕业于日本大学工学部建筑系。1996年完成横滨国立大学工学系研究科课程。曾供职于日成建筑设计事务所等。2009年创立伊泽计划。

石黑隆康

BUILTLOGIC

1970年出生于神奈川县。1993年毕业于日本大学生产工学部建筑工学系。1995年完成日本大学大学院生产工学研究科博士前期课程。曾供职于设计事务所。2002年成立BUILTLOGIC。

小野育代

小野育代建筑设计事务所

1972年出生于东京都。1996年毕业于横滨国立大学工学部建筑学科建筑学系。曾供职于春建筑研究所。2006年创立小野育代建筑设计事务所。

落合雄二

U设计室

1955年出生于东京都。1978年毕业于明治大学工学部建筑学系。曾供职于森大厦株式会社、Archi-brain建筑研究所。1990年创立U设计室。

川口通正

川口通正建筑研究所

1952年出生于兵库县。自学建筑。1983年创立川口通正建筑研究所。工学院特聘讲师。日本建筑学会会员。

菊池邦子

Territo plan

1947年出生于神奈川县。1968年毕业于日本女子大学家政学部住居学系。1979年留学意大利威尼斯大学建筑学系。曾供职于人间都市研究所，1987年创立Territo plan一级建筑师事务所。NPO法人横滨市设计中心理事。

久保木保弘

问题箱（Q' sBox）

1959年出生于千叶县。1984年毕业于早稻田大学理工学部建筑学系。曾供职于设计事务所，1999年创立问题箱。

仓岛和弥

RABBITSON一级建筑师事务所

1955年出生于栃木县。1979年毕业于东京电机大学建筑学系。曾供职于芦川智建筑研究室等。1984年创立企划设计室RABBITSON（现：RABBITSON一级建筑师事务所）。昭和女子大学特聘讲师。

白崎泰弘

Seeds 建筑设计室

1963 年出生于福井县。1986 年毕业于早稻田大学。1988 年完成早稻田大学大学院修士课程。曾供职于坂仓建筑研究所，2002 年创立 Seeds 建筑设计室。2015 年兼任明治大学讲师。

杉浦充

充总合计划一级建筑师事务所

1971 年出生于千叶县。1994 年毕业于多摩美术大学美术学部建筑系，同年进入 Nakano 建筑公司。1999 年完成多摩美术大学大学院修士课程，同年复职。2002 年创立充总合计划一级建筑师事务所。2010 年任京都造型艺术大学特聘讲师。

高野保光

游空间设计室

1956 年出生于栃木县。1979 年毕业于日本大学生产工学部建筑工学系。1984 年任日本大学助手（供职生产工学部）。1991 年创立游空间设计室。

田代敦久

田代计划设计工房

1952 年出生于东京都。1974 年毕业于明治大学工学部建筑系。曾供职于宫坂修吉设计事务所、日本递信建筑事务所。1982 年创立田代计划设计工房，1985 年改组成有限公司。

田中直美

田中直美工作室

1963 年出生于大阪府。1983 年毕业于女子美术大学短期大学造型系。曾供职于 N 建筑设计事务所蓝设计室。1999 年创立田中直美工作室。社团法人住宅医协会公认住宅医。

丹羽修

NL 设计 一级建筑师事务所

1974 年出生于千叶县。1997 年毕业于芝浦工业大学工学部建筑学系。2003 年创立 NL 设计。2015 年任职业训练校讲师。

根来宏典

根来宏典建筑研究所

1972 年出生于和歌山县。1995 年毕业于日本大学，同年进入古市徹雄都市建筑研究所。2004 年创立根来宏典建筑研究所。2005 年完成日本大学大学院博士后期课程。

野口泰司

野口泰司建筑工房

1941 年出生于横滨市。1965 年毕业于横滨国立大学工学部建筑学系，同年进入柳建筑设计事务所。1975 年创立野口泰司建筑工房。

滨田昭夫

TAC 滨田建筑设计事务所

1942 年出生于福冈县。1972 年毕业于工学院大学建筑学系。1985 年创立 TAC 滨田建筑设计事务所。

坂东顺子

一级建筑师事务所 J 环境计划

1957 年出生于爱媛县。1980 年毕业于日本女子大学家政学部住居学系。曾供职于大成建设、伊吹设计事务所、ACT 环境计划。1990 年创立坂东建筑设计事务所，2000 年事务所改名为 J 环境计划。

古川泰司

古川工房 一级建筑师事务所

1963 年出生于新泻。1985 年毕业于武藏野美术大学建筑学系。1988 年完成筑波大学大学院修士课程。曾供职于设计事务所、工务店。1998 年创立了古川工房。

本间至

Bleistift 事务所

1956 年出生于东京。1979 年毕业于日本大学理工学部建筑学系。1979—1985 年供职于林宽治设计事务所。1986 年创立 Bleistift 事务所。2010 年起任日本大学理工学部建筑学系特聘讲师。

松泽静男

一级建筑师事务所松泽设计

1953年出生于埼玉县。1976年毕业于日本大学工学部建筑学系。曾供职于建设公司、设计事务所，1982年创立一级建筑师事务所松泽设计。

松原正明

松原正明建筑设计室

1956年出生于福岛县。毕业于东京电机大学工学部建筑学系。曾供职于今井建筑设计事务所、上川松田建筑事务所。1986年创立松原正门建筑设计室。

松本直子

松本直子建筑设计事务所

1969年出生于东京都。1992年毕业于日本女子大学住居学系。1994年供职于川口通正建筑研究所。1997年创立松本直子建筑设计事务所。

宫野人至

宫野人至建筑设计事务所

1973年出生于北海道。1997年毕业于工学院大学工学部建筑学系。1997年进入相和技术研究所。2000年供职于林己知夫建筑设计室。2006年创立宫野人至建筑设计事务所。青山制图专门学校讲师。

村田淳

村田淳建筑研究室

1971年出生于东京都。1995年毕业于东京工业大学工学部建筑学系。1997年完成东京工业大学大学院建筑学专攻修士课程后，进入Archivision建筑研究所。2007年任村田靖夫建筑研究室代表，其于2009年改名为村田淳建筑研究室。

诸角敬

一级建筑师事务所Studio A

1954年7月出生于神奈川县。1977年3月毕业于早稻田大学理工学部建筑学系。1985年创立诸角敬建筑・设计研究室 Studio A，其于2009年5月改名为一级建筑师事务所Studio A。

山下和希

Atelier Earth Work

1959年出生于和歌山县。1982年毕业于早稻田大学专门学校产业技术专门课程建筑设计系。1982—1996年供职于富松建筑设计事务所。1997年创立Atelier Earth Work，2011年在安昙野县设立分公司。

山本成一郎

山本成一郎设计室

1966年出生于东京都。1988年毕业于早稻田大学理工学部建筑学系。1990年完成大学院课程。曾供职于海工作室、广濑研究室。2001年创立山本成一郎设计室。

吉原健一

光风舍一级建筑师事务所

1963年出生于京都府。1986年毕业于关东学院大学工学部建筑学系。曾供职于北川原温+ILCD。1993年创立光风舍一级建筑师事务所。